宇宙奥秘解码

地球谜题的神秘面纱
地球秘密通报

韩德复 编著

中国出版集团
现代出版社

前言 Preface

  神舟九号圆满完成载人空间交会对接，嫦娥三号即将实现月球表面探测，萤火号启动我国火星探测计划……我们乘坐宇宙飞船遨游太空的时候就要到了！你准备好了吗？

  21世纪的曙光刚刚揭开天幕，一场太空探索热潮在全球掀起。一个个云遮雾绕的宇宙未解之谜披着神秘的面纱，激起我们遥望宇宙这个布满星座黑洞的魔幻大迷宫，探求走向太空熠熠闪烁的道路。

  太空将是我们人类世界争夺的最后一块"大陆"。走向太空，开发宇宙，是我们未来科学发展的主要方向，也是我们未来涉足远行的主要道路。因此，感知宇宙，了解太空，是我们走向太空的第一步。

  宇宙展示包括地球及其他一切天体周围的无限空间，太空则展示地球大气层外层空间，直至宇宙的各个领域。发现天机，破解谜团，这是时代发展的需要，也是提升我们素质的良机。

  我们在向太空发展的同时，也在不断挖掘地球的潜力，不断向大海、地底等处深入发展。我国载人深潜器"蛟龙"号再创载人深潜纪录，海底发现可满足人类千年能源需求的可燃冰，等等，这都说明我们探索地球的巨大收获。

从太空到地球，宇宙的奥秘是无穷的，人类的探索是无限的。我们只有不断拓展更加广阔的生存空间，破解更多的奥秘谜团，看清茫茫宇宙，才能使之造福于我们人类，促进现代文明。

为了激励广大读者认识和探索整个宇宙的科学奥秘，普及科学知识，我们根据中外最新研究成果，特别编辑了本书，主要包括宇宙、太空、星球、飞碟、外星人、地球、地理、海洋、名胜、史前文明等存在的奥秘现象、未解之谜和科学探索新发现诸多内容，具有很强的系统性、科学性、前沿性和新奇性。

本套系列丛书知识面广、内容精炼、图文并茂，装帧精美，非常适合广大读者阅读和收藏。广大读者在兴味盎然地领略宇宙奥秘现象的同时，能够加深思考，启迪智慧，开阔视野，增加知识，能够正确了解和认识宇宙，激发求知欲望和探索精神，激起热爱科学和追求科学的热情，掌握开启宇宙的金钥匙，使我们真正成为宇宙的主人，不断推进人类向前发展。

目录 Contents

旋转的球体

地球生命是如何来的	2
地球有多大年龄	4
地球藏了多少秘密	6
为何地球上有伤口	10
地球磁场翻跟头	14
地球皱纹现象	18
探寻地球光环	20

难解的秘密

向北漂移的次大陆	24
海底钻出新大陆	28
未知的南方大陆	30
岩石形成的奥秘	32
冰川怎样形成的	36
冰川期成因之谜	42
沙漠开花之谜	44
撒哈拉绿洲之谜	48
沙漠的秘密陷阱	54
沧海桑田变换的奥秘	60

神奇的景观

能自己转动的岛	64
会旅行的岛	68
寸草不生的岛	74
国内各地的龟山	76
能烧开水的沸石	82
会唱歌的响石	86
名不虚传的变位石	90
有气味的奇石	94
奇妙的孕子石	100
恐惧的杀人石	104
神奇的三生石	108
会呼吸的奇风洞	112

可怕的谜题

神秘的百慕大三角	118
最大的水库与瀑布	122
神农架鬼市之谜	126
地下森林的奥秘	132
幸存者再现之谜	134
恐龙木乃伊现身	138
神秘的鬼城	142
怒吼的喀拉喀托火山	146
猛烈爆发的埃特纳火山	148

旋转的球体

不停旋转的地球是一个椭圆的球体,就像一个未开瓢的西瓜,不同的是,这个西瓜是人类赖以生存的摇篮,而且它的体内至今都还隐藏着人类无法知晓的秘密,这使地球从古至今一直笼罩着一层神秘的面纱。

地球生命是如何来的

地球自身产生生命

关于地球生命的起源，有一种说法认为原始生命是原始地球上产生的。进化论学派生物学家认为，35亿年前岩石形成时期的一种单细胞细菌是人类的祖先。这种原始生物的构造也相当复杂：它拥有DNA和BNA两种基因，并由蛋白质、脂类和其他成分组成。

人们怀疑在这种原始生物出现以前，另有一种构造更简单的生物存在。1953年，美国大学生唐来·米勒的实验证明，生命的单位氨基酸能从几种简单的化合物中得到，从而使生命的"地球产生说"几乎成了定论。但近十多年的研究发现原始大气不是还原型的。米勒的实验很难合成生命的基本因素"氨基酸"。所以，这一说法受到了质疑。

陨石与生命

另一些科学家认为生命来自星际空间,原因是在月球表面或火星的火山口,都可以找到不少有机合成物。早在19世纪初,人们已在陨石上找到了有机分子,它们是有机合成物诞生的重要因素,这种观点认为:地球生命来源于宇宙,陨石是载着生命种子的星际飞船,地球上最初的生命就是由陨石送来的。

不过,持原始生命产生于地球本身观点的科学家们认为,这些星体上的有机物,迁居地球的机会绝无仅有,因为它们降落到地球时,产生的高温足以把整个海洋蒸干,令地球成为不毛之地,任何生物都无法在其上生存。

我还想知道

黏土矿物这种地球上最常见的物质是最初的生命物质,这一说法已不再是西方的圣经故事和我国的神话传说,而是新的科学研究成果。黏土矿物是一种微小的晶体。

地球有多大年龄

早期认识

地球到底有多大年龄，一直以来是让许多人感兴趣的谜。

早在1862年，英国著名的物理学家汤姆森，根据地球形成时是一个炽热火球的设想，并考虑了热带岩石中的传导和地面散热的快慢后认为：假如地球上没有其他热的来源，那么，地球从早期炽热状态冷却到现在这样，至少不会少于2000万年，最多不会超过4亿年。

科学测定

直至20世纪科学家才发现，用同位素地质测定法测定地球年龄，这是最佳方法。科学家运用这种方法，测定出岩石中某种现存放射性元素的含量，以及测出经蜕变分裂出来的元素的含量，再根据相应元素放射性蜕变关系，就能够计算出岩石的年龄。

目前，科学家找到的最古老的岩石有38亿岁。然而，也有人认为，38亿岁的岩石是地球冷却下来形成坚硬地壳后遗留下来的，它并不是地壳的年龄。

科学界的界定

那么地球的年龄到底是多少呢？20世纪60年代以后，人们在广泛测量和分析那些坠落地球的陨石年龄以后，发现大部分陨石在44亿年至46亿年。20世纪60年代末,美国"阿波罗"探月飞行,测取月球表面岩石的年龄,也是44亿年至46亿年。所以,科学家将地球的年龄定为46亿岁。

科学界的争论

但是,对于地球46亿岁的结论,还存在各种争论。

如我国地质学家李四光认为地球大概在60亿年前开始形成,至45亿年前才成为一个地质实体。德国学者施密特根据他的"俘获说",从尘埃、陨石积成为地球的角度进行计算,结果推测出76亿年的年龄值。

然而,多数的结论都是依靠间接证据推测出的。人们至今也没有发现地球上,有它本身超过40亿年以上的岩石。

因此,地球的年龄到底有多大,还有待于做更深入的研究。46亿年这个数字,也只是进一步研究的基础。

> **我还想知道**
>
> 地球和月亮是由于两颗金星水星大小的行星发生相撞,产生现在的地球和月球。科学家们对地球和月球的年龄进行测算,由于当时科学技术并未像今天这样发达,所得出的数据也并非完全准确。

地球藏了多少秘密

地球在缩小还是在增大

见过火山喷发的人，都会立刻回忆起浓烟升空、火光冲天、尘埃石屑弥天而降的惊人场面。从地球深处喷射出来的大量物质中，经科学测定，含有大量的一氧化碳、甲烷、氨、氢、硫化氢等气体。惊天动地的地震之后，科学家发现大气里甲烷浓度特别高。这个现象说明地球肚子里的气体，乘地震之机从地壳的裂缝里冲出来，释放于大气之中。

海员们在航海途中，能看到比海啸更可怕的海水鼎沸现象，这种翻江倒海的奇观，也是地球放气的结果。根据地球放气的现象和地球深部物质大量外喷的事实，有人认为，地球肚子越来越瘪了，地球的体积自然要缩小了。

但是，苏联科学家公布说，地球自生成以来，其半径比原来增长了1/3。理由是各大洋底部在不断扩展。这种扩展是沿着从北极至南极，环绕地球的大洋中部山脊进行的。经查明，太平洋底部的长度和宽度，每年扩展速度达到了几厘米。这种扩展由地球深处的大量物质向上涌溢，推动洋底地壳，使地心密度变小，地球的体积就增大了。

地球的转速在变慢还是在变快

珊瑚虫的生长和树木的年轮相似。珊瑚虫一日有一个生长层，夏日的生长层宽，冬日的生长层窄。科学家对珊瑚虫体壁研究，识别出现代珊瑚虫体壁有365层，正好是一年的天数。科学家又数了距现在3.6万年前的珊瑚虫化石的年轮，则为480层。按此进行推算，13亿年前，一年为507天。说明地球环绕太阳的公转过程，其自转的速度正在变慢。

近百年来，科学家在南太平洋中发现了"活化石鹦鹉螺"软体动物。在外壳上有许多细小的生长线，每隔一昼夜出现一条，满30条有一层膜包裹起来，形成一个气室。每个气室内的生长线数，正好是如今的一个月天数。古生物学家又从不同的时代地层中的鹦鹉化石进行剖析，发现3000万年前，每个气室内有26条生长线；7000万年前为22条；1.8亿年前为18条；3.1亿年前为15条；到4.2亿年前只有9条了。从事研究鹦鹉的科学家则认为，随着地球年龄的增加，其自转速度正在加快。

地球的荷重在增加还是在减少

金刚石是在高温高压条件下形成的一种贵重金属，一般都生成在岩浆岩中。苏联在玻波盖河盆地里，却发现了大量的金刚石，这实在是一件不寻常的事件。从而引起了许多地质学家的极大兴趣。

经过多年考证，最后证实是天外来客，陨石撞击在这块盆地上时，发生强烈爆炸而形成的结晶矿物。

加拿大有一个萨达旦里镍矿，是一个38千米范围的巨型矿体，同样是陨石撞破地表后，与地球岩浆熔融共同凝结而成的矿体。据统计，10亿年来，地球遭到陨石撞击产生的坑，直径大于1000米的就有100万次之多。每天从宇宙中降落到地球上的陨石和尘埃多达50万吨。由此看来，地球的荷重正在逐年加重。持相反意见的人则认为，地球上每年发生地震500万次，活火山500余座。每年火山喷发和地震时，地球深部的熔岩、气体大量喷射出来，气体飘入大气层中。还有石油从地层中抽起，煤炭从地下挖出来，被人们燃为灰烬，形成缕缕浓烟升入大气层中。这种大量毁灭地球上的物质变成烟气的结果，使地球的重量逐渐减轻，地球的荷重自然减少了。

地球在变暖还是在变冷

宇宙飞船对金星的探测表明，金星表面的温度可达480度。

究其原因,发现金星大气中含有大量二氧化碳,形成一层屏障,使太阳射向金星的热能,不易散发到大气层中去,从而使金星的温度日见增高。地球上由于人口剧增,工业发展,森林大量采伐,自然生态遭到破坏,二氧化碳逐年增加,使地球上空的二氧化碳浓度越来越高,类似金星之状。地球上的气温也在逐年增高。仅以日本东京为例,二十多年来,东京的平均气温已增高2度。另外,人造化肥能捕捉红外线辐射。大片积雪的融化,会减弱地球对太阳光的反射。

诸如此类的原因,也使地球的温度逐年增高。与上述截然相反的一种观点是变冷说。持这种观点的人认为,未来几十年的气候将逐渐变冷。其依据是:虽然二氧化碳在稳定增加,但自20世纪40年代中期开始,北极和近北极的高纬度地区气温明显下降,气候显著变冷。

例如在北大西洋,出现了几十年从未见过的严寒,海水也冻结了。在格陵兰和冰岛之间曾一度连成"冰陆",北极熊可以自由来往,成为罕见的奇闻。有人认为,20世纪60年代的气候变冷,是"小冰河期"到来的先兆。从21世纪开始,世界气候将进入冰河时代。有关地球的种种说法,还要继续争论下去,地球之谜何时才能解开,很难估计。

> 盖天说是我国古代最早的一种宇宙结构学说。这一学说认为,天是圆形的,像一把张开的大伞覆盖在地上;地是方形的,像一个棋盘,日月星辰则像爬虫一样过往天空。

地球谜题的神秘面纱　地球秘密通报

为何地球上有伤口

地球上的伤口

在我们生活的地球上,我们往往只欣赏地球的山清水秀的完美,却没注意到地球有许多难以愈合的伤口。而谁也不知道那些伤口是怎样形成的。

几万年过去了,至今仍留给我们许多未解之谜。地球上最大的伤口,是东非大裂谷和海底深处的大裂谷。

东非大裂谷

东非大裂谷从北亚的土耳其,一直延伸至非洲东南的莫桑比克海岸。裂谷跨越50多个纬度,总长超过6500千米。人们称它是

"地球上最大的伤疤"。裂谷底部有些地方深不见底，积水形成40多个条带状或串珠状湖泊群。其中东非坦噶尼喀湖是全球最深的湖泊，水深超过

1400米。而在无水的裂谷带，巨大而狭长的凹槽沟谷，两边是陡峻的悬崖峭壁。

同时裂谷带上活跃着火山带和地震带。在裂谷带的基伍湖下层，还发现至今形成机制还不清楚的甲烷气，储量高达500多亿立方米。20世纪60年代以来，在东非高原的裂谷带找到好几个碳

酸岩火山，自地下深处喷涌出类似碳酸盐岩性质的岩浆来。但碳酸岩的形成原因各说不一。

大裂谷是如何形成的

据地质学家们考察研究认为，大约3000万年以前，由于强烈的地壳断裂运动，使得同阿拉伯古陆块相分离的大陆漂移运动而形成这个裂谷。

那时候，这一地区的地壳处在大运动时期，整个区域出现抬升现象，地壳下面的地幔物质上升分流，产生巨大的张力。正是在这种张力的作用之下，地壳发生大断裂，从而形成裂谷。由于抬升运动不断地进行，地壳的断裂不断产生，地下熔岩不断地涌

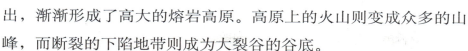

出，渐渐形成了高大的熔岩高原。高原上的火山则变成众多的山峰，而断裂的下陷地带则成为大裂谷的谷底。

东非大裂谷下陷开始于上新世，断裂运动发生在中新世，大幅度错动时期从上新世一直延续到第四纪。北段形成红海，使阿拉伯半岛与非洲大陆分离；在马达加斯加岛几条活动裂谷扩张作用下，把非洲大陆分裂开。

东非大裂谷还是一座巨型天然蓄水池，非洲大部分湖泊都集中在这里，如阿贝湖、沙拉湖、图尔卡纳湖，这些湖泊呈长条状展开，顺裂谷带形成串珠状，成为东非高原上的一大美景。

地球磁场翻跟头

磁场倒转现象

地球本身是一个大磁场,北磁极N极在地球南端,南磁极S极在地球北端。正是这个大磁场,吸引着磁针始终指向南方。

但是,在1906年,法国科学家布容在法国对当地火山岩进行考察时,意外发现那里岩石的磁性与磁场方向是相反的。

此后,这种现象被越来越多的科学家发现。研究表明,地球的磁场并非永恒不变。位于南端的北磁极会转到北端去,而位于地球北端的南磁极会转到南端去。这就是物理上的磁极倒转现象。

磁极倒转原因

有人认为，磁极倒转现象可能是因为地球被巨大陨石猛烈撞击后导致的结果，因为猛烈撞击能促使地球内部的磁场身不由己地翻转。

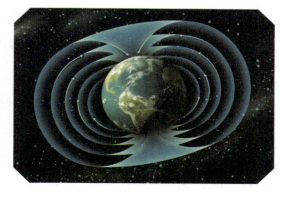

也有人认为，这与地球追随太阳在银河系里漫游有关系。

因为，银河系自身也带有一个磁场，这个更大的磁场会对地球磁场产生影响，从而促使地球的磁性会像罗盘中的指南针一样，随着银河系磁场的方向而不断变化。

科学家们在20世纪60年代至70年代，进行了大量的古地磁和航磁测量，结果表明地球磁场的南北极曾多次互换位置。

地球磁场在消失

地球磁场在逐渐失去自己的威力,专家们指出地球磁通量数值在过去的200年里大大减小。

如果按现有的递减,那么再过1000年,地球的磁通量将降至零值。

如果研究人员的预测是正确的,那么结果将是灾难性的。强烈的太阳辐射流因为地球磁场的原因,才不能抵达大气层。

否则就会加热大气层上层,同时会引起全球气候改变,损坏所有位于地球近轨道上的导航和通讯卫星。此外,还会使地球上所有迁移性动物失去定向能力。

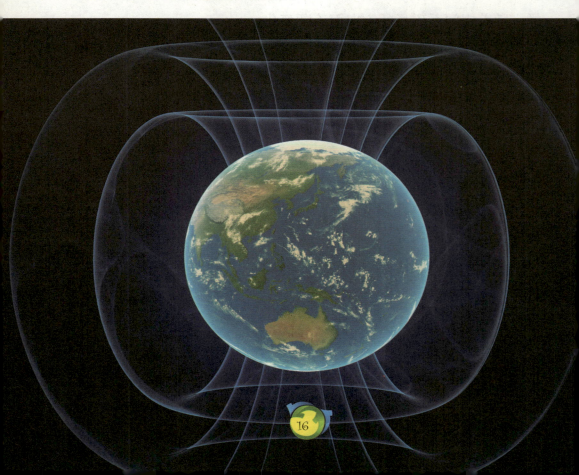

磁极变换的争论

地球磁极变换大约每25万年发生一次，最后一次地球磁极变换大约发生在100万年前。

对于目前地球磁极变换为什么会持续如此长的时间，有一种观点认为，如果再过几千年，地球将会失去对太阳辐射的防护能力。

另一种观点认为，地球磁极变换只需要短短的几周时间。

地球磁场跟地球引力场一样，是一个地球物理场，它是由基本磁场与变化磁场两部分组成的。基本磁场比较稳定，变化非常缓慢。变化磁场与电离层的变化和太阳活动等有关，并且很微弱。

地球皱纹现象

地球皱纹现象

有许多绵延起伏、高大雄伟的山脉，它们像地球脸上的皱纹，被称为褶皱山脉。

地质学上把岩层受到水平方向上力的挤压而发生波状弯曲，但又未失去连续性和完整性的现象，称为褶皱现象。

它是由于地壳在一定条件下发生扭曲造成的。褶皱有多种表现形式，最基本的是背斜和向斜两种。

在一般情况下，背斜形成山峰，向斜形成谷地，有时则相反。因为褶皱形成后，假如地壳又经历剧烈动荡，这些褶皱会再次受到挤压，以至于倒置，向斜被抬升，背斜被降低，因此出现十分复杂的地质情况。

褶皱构造山结构

褶皱构造山可以按构造成因分为：静态褶皱构造山地和动态褶皱构造山地。

静态褶皱构造山地，是指背斜或向斜构造受外力侵蚀作用后形成的山地。由于侵蚀作用的增强与时间长短的区别，又可分

为：原生构造地貌未完全破坏，地貌形态与构造一致的称为顺地貌。原生构造地貌基本被破坏，地貌形态与构造不一致的称为逆地貌。

逆地貌经侵蚀破坏，使地貌形态再一次与构造一致的称为再顺地貌。逆地貌类型主要有：单斜构造基础上发育的单面山、发育于背斜轴部或节理较发育处的背斜谷、发育于向斜构造上的向斜山。

动态褶皱构造山地是指新生代以后的新构造活动形成的隆起或凹陷构造形成的山地地貌。多在水平挤压力的作用下，地表褶皱隆起而形成山地。如我国西部的一系列横向山地，板块碰撞是其动力作用的基础。

褶皱构造山地常呈弧形分布，延伸数百千米以上。山地的形成和排列都与受力作用方式关系密切。某一方向的水平挤压作用，使弧形顶部向前进方向突出。

探寻地球光环

早期发现的光环

17世纪，科学家伽利略首先从天文望远镜里，看到土星周围闪耀着一条明亮的光环。

数百年过去，人们用天文望远镜观察着太阳系的其他行星，再无意外发现。所以人们长期以来，一直认为土星是太阳系中唯一带有光环的行星。

光环的新发现

1977年3月10日，美国、中国、澳大利亚、印度、南非等国的航天飞行器，在对天王星掩蔽恒星的天象观测中发现了奇迹。他们看到天王星上，也有一条闪亮的光环！这一发现打破

了学术界的沉默，在世界上掀起了一阵光环热，各国派出越来越多的航天飞行器去太空探秘。

1979年3月，美国的行星探测器"旅行者1号"，飞到距木星120万千米的高空，发现木星周围也有一条闪亮的光环。同年9月，"先驱者11号"在土星周围，又新发现两个光环，土星周围已经是三环相绕了。

地球曾有过光环吗

面对太阳系中其他大行星光环的相继发现，科学家们首先提出"地球上曾经有过光环"的大胆设想。他们认为地球和其他行星一样，同在太阳系中，绕太阳运转，也应该有光环。

这些科学家在地球上找到了许多地外物质，他们推测这些物质可能就是地球光环的遗骸。

太阳的光线可能像一股股涓涓细流，对某些东西产生压力。在没有摩擦力的空间环境里，它足以把光环里的粒子吹离地球的轨道。如果月球火山还保持活动的话，地球将来还会再度形成光环。

难解的秘密

地球上的许多神奇现象,令我们对熟悉的地球感到万分陌生,如地球的漂移、海底的大陆、沧海桑田的变换等,它们犹如一个大迷宫,使人越绕越糊涂,越绕疑问越多。

向北漂移的次大陆

南亚次大陆

南亚次大陆，又称印度次大陆，是喜马拉雅山脉以南的一大片半岛形成的陆地，它是亚洲大陆的南延部分，大体位于北纬8度至37度与东经61度至97度之间，由于受喜马拉雅山的阻隔，形成了一个相对独立的地理单元，总面积约为430万平方千米，人口约为13亿。

南亚次大陆的国家大多位于印度板块，也有一些位于南亚。

其中，印度与印度河以东的巴基斯坦、孟加拉、尼泊尔和不丹位于大陆的地壳之上。岛国斯里兰卡位于大陆架之上，岛国马尔代夫位于海洋地壳之上。

地理的情况

南亚次大陆北有喜马拉雅山和喀喇昆仑山的耸峙，南有阿拉伯海和孟加拉湾的限制，西有伊朗高原的阻隔，东有印、孟、缅边境的层峦叠嶂，自成单元的天然态势非常明显。在人文地理上，这里长期经历着相当封闭的历史发展进程，因此具有显著的独立性。又因为南亚大陆面积比一般大陆要小，这就是"南亚次大陆"这一名称的由来。

南亚次大陆北部是喜马拉雅山脉南侧的山地，南部是德干高

原，在山地和高原之间，是广阔的印度河及恒河平原。这里气候以热带季风气候为主，除北部山区外，各地年平均气温在24度至27度之间，年降水量大部分地区为1000毫米至2000毫米。

次大陆来历

在20世纪50年代，英国的布莱克特等人，在德干高原玄武岩的微弱古地磁痕迹中进行了古代地球磁场的考察，他们确信在两亿年前的侏罗纪，印度次大陆位于南纬40度附近。

而恰恰在两亿多年前的漫长的寒冷岁月中，此时南北两半球的大陆冰川还覆盖在南北纬40度以上的中高纬地区。

德干高原南部的古冰川之谜得到了圆满的科学解释，人们对

次大陆的来历也有了清晰的认识。原来在两亿多年以前,印度半岛、澳大利亚、非洲的南半部与南极洲是连在一起的一块古老的大陆。后来地球内部的巨大力量,无情地撕裂了这块古陆,使它的"碎片"各奔东西,原始的印度洋诞生了。

我还想知道

次大陆是指在一块大陆中相对独立的较小的组成部分。地理意义上的次大陆一般由山脉、沙漠、高原以及海洋等组成。印度次大陆是地理上对喜马拉雅山以南的亚欧大陆的南延部分的叫法。

年轻的瑟尔赛岛

瑟尔塞岛是位于海平面以下130米的火山爆发形成的,1963年11月14日,它露出了海面。瑟尔塞岛是以挪威神话中火神名字命名的,在这座小岛形成过程中和爆发结束后,火山科学家一直在对它进行大量的研究。

后来,由于各种生命在这座最初荒芜的小岛上逐渐繁盛起来,它开始慢慢引起植物学家和生物学家们的极大兴趣。

导致瑟尔塞岛形成的海下火山口是韦斯文尼查水下火山系统，它被称作大西洋中脊海床裂缝组成部分的一部分。

1973年，韦斯文尼查火山系统还引起黑迈岛上著名的艾尔菲火山爆发。瑟尔塞岛火山爆发还导致该火山链上形成了其他几座小岛，不过它们大部分很快就被侵蚀掉了。

最大的冰岛

要说面积最大、资格最老的由海底钻出的陆地，那则非冰岛莫属了。

在一亿多年前，当北美洲和欧洲分离开来，大西洋诞生不久，幼年的冰岛就从海底的裂缝里钻出海面了。

之后，不断喷发的火山使它成长壮大，还给它带来丰富的地热资源。

目前，冰岛面积10.3万多平方千米，最高点华纳达尔斯火山海拔2119米。火山温泉广布，首都雷克雅未克主要靠地热为能源，是世界著名的"无烟城市"。

冰岛有100多座火山，以"极圈火岛"之名著称，其中有活火山40座至50座。主要的火山有拉基火山、华纳达尔斯火山、海克拉火山与卡特拉火山等。

瑟尔塞岛是远离冰岛南海岸线的一座火山岛，1963年11月发生火山爆发，并一直持续至1967年6月5日。从这以后，海风和海浪侵蚀导致它的面积不断下降，至2002年，只剩下1.4平方千米了。

未知的南方大陆

"孤独者幸福号"的寻找

1687年,著名的英国大海盗爱德华·戴维斯奉英国女皇的命令,驾驶着"孤独者幸福号"三桅巡洋舰,前往南太平洋寻找未知的南方大陆。在南纬12度30分,距南美海岸150海里处,"孤独者幸福号"突然剧烈地震荡起来。导致轮船震荡的原因,是当时美洲大陆的秘鲁沿岸发生了大地震,引起海面剧烈震荡所导致的。爱德华·戴维斯赶快驾驶着他的"孤独者幸福号"向西南驶去。

有一天凌晨,离天亮还有两个小时,"孤独者幸福号"突然触到了低低的海岸,熟睡的船员们被震耳欲聋的响声惊醒,展现在船员们面前的却是一片陆地。胡安和戴维斯都声称他们发现了"未知的南方大陆",但人们都不相信。

寻找时期

南方大陆的发现是继哥伦布之后第二个地理大发现。欧洲人在南太平洋历时两个半世纪的探险,大致可分为三个时期。第一时期是1519年至1607年间,是葡萄牙和西班牙探险时期,他们一无所获;第二时期是16世纪至17世纪中期,这是荷兰人探险时期,他们虽曾到过澳大利亚的东、西、南海岸,但中途无功而返;第三时期是英国人探险时期。进入18世纪后,人们向未知大陆的探索也越来越深入。

南方大陆之谜

被称作南方大陆的区域实际是由5个巨大岛屿所构成的,这里气候温和,雨水充沛,到处是一片生机盎然的景象。而这里地形与其他地方相比并没有什么不同。高山、峡谷、河流与平原将大陆分隔为颜色不同的区域,也为那些深入内地的探险者们提供了一幅幅巧夺天工的奇景。

虽然有着这么得天独厚的环境,可是这几个巨大的岛屿上却没有任何土著居民,不过这片看似普通的土地也丝毫无愧神秘大陆的称号,因为南方大陆的背后还隐藏着一个巨大的秘密。

> 詹姆斯·库克出生在英国北部。10多岁时他第一次随船出海。他于1775年加入皇家海军,此后成为了一名航海和制图专家。他给大洋,特别是太平洋的地理学知识增添了新的内容。

岩石形成的奥秘

水成派

18世纪中期,地质学开始由思辨诉诸经验与观察。英国地质学会甚至将"收集实证材料而不急于构建理论"作为学会的宗旨。在这种注重实证的学术背景下,出现了以德国地质学家维尔纳为代表的水成说学派和以英国地质学家赫顿为代表的火成说学派。

维尔纳于1791年系统地阐述了水成说理论。

他认为,在地球生成的初期,其表面被原始海洋所掩盖,溶解在其中的矿物质,通过结晶,逐渐形成了岩层。

维尔纳并不否定热力的作用，但他认为地下的热，如火山是煤的燃烧引起的，只是一种较晚的、辅助性的地质力量。人们称他的观点为"水成派"。

火成派

以英国地质学家赫顿为代表的一些科学家们，提出与"水成派"针锋相对的观点，即用自然过程来解释地球的历史，并在1795年系统论述了火成说理论。他们认为花岗岩等岩石不可能是在水里产生的，而是与地下的岩浆作用有关，是由高温的岩浆冷却结晶而成。

赫顿并不完全否定水的作用，但他认为河水只是把风化了的岩石碎屑冲到海里才逐渐积累，形成石砾、沙土和泥土。赫顿认为地球既没有开始，也没有结束，同时他也认为维尔纳的原始海洋的观点没有根据。

水火之争

由于赫顿的地球永恒性观点违反了传统宗教观念，因此水成说在初始时占据上风，英国地质学会的大部分会员也赞成维尔纳的观点。但由于火成说不断得到观察和实验的证实、补充，人们开始转而支持火成说。

地球谜题的神秘面纱　地球秘密通报

　　在争论过程中，各学派倾向于用各自观察到的经验证据，来支持自己的地质理论。

　　最后，在英国爱丁堡召开的一次国际学术会议中，这两个学派在附近的火山脚下，对那里的地层结构成因展开了激烈的现场辩论。由于两派都以偏概全，只相信自己，导致了双方互相攻击和谩骂，最后竟然拳打脚踢，演出了科学史上少有的科学家用武力解决学术问题的闹剧。水成派与火成派一直争论了几十年，史称水火之争。

直至1830年,英国自然科学家莱伊尔将岩石分为水成岩类、火山岩类、深成岩类和变质岩类,深成岩类包括花岗岩和片麻岩类。至此,水火之争才告一段落。

我还想知道

岩浆岩是由高温熔融的岩浆在地表或地下冷凝形成的岩石,也称火成岩;沉积岩是在地表条件下由风化、生物和火山作用的产物经水、空气和冰川等外力的搬运、沉积和成岩固结而形成的岩石。

地球谜题的神秘面纱 / 地球秘密通报

冰川怎样形成的

冰川形成的原因

冰川是水的一种存在形式,是雪经过一系列变化转变而来的。要形成冰川首先要有一定数量的固态降水,其中包括雪、雾、雹等。没有足够的固态降水作为原料,就等于无米之炊,根本形不成冰川。

冰川存在于极寒之地,地球上南极和北极是终年严寒的,在其他地区只有高海拔的山上才能形成冰川。人们知道越往高处温度越低,当海拔超过一定高度,温度就会降至零度以下,降落的

固态降水才能常年存在。

这一海拔高度,冰川学家称之为雪线。在南极和北极圈内的格陵兰岛上,冰川是发育在一片大陆上的,所以称之为大陆冰川。而在其他地区冰川只能发育在高山上,所以称这种冰川为山岳冰川。

在高山上,冰川能够发育,除了要求有一定的海拔外,还要求高山不要过于陡峭。如果山峰过于陡峭,降落的雪就会顺坡而下形不成积雪,也就谈不上形成冰川。

雪花一落到地上就会发生变化,随着外界条件和时间的变化,雪花会变成完全丧失晶体特征的圆球状雪,称之为粒雪,这种雪就是冰川的原料。

积雪变成粒雪后,随着时间的推移,粒雪的硬度和它们之间

地球谜题的神秘面纱　地球秘密通报

的紧密度不断增加，大大小小的粒雪相互挤压，紧密地镶嵌在一起，其间的孔隙不断缩小，以致消失，雪层的亮度和透明度逐渐减弱，一些空气也被封闭在里面。

当粒雪密度达到每厘米0.5克至0.6克时，粒雪融化过程变得缓慢。在自重的作用下，粒雪进一步密实或由融水渗浸再冻结，晶粒改变其大小和形态，出现定向增长。当其密度每厘米达到0.84克时，晶粒间失去透气性和透水性，这样就形成了冰川冰。

冰川冰最初形成时是乳白色的，经过漫长的岁月，冰川冰变得更加致密坚硬，里面的气泡也逐渐减少，慢慢地变成晶莹透彻

带有蓝色的水晶一样的冰川冰。冰川冰在重力作用下,沿着山坡慢慢流下,逐渐凝固就形成了冰川。

冰川的种类

冰川依据其形态、规模和所处的地形条件,可分为下列三种类型:

大陆冰川,也称冰层,为规模广大的冰川,覆盖大陆或高原区所有的高山、低谷以及平原全部受到覆盖。中央部位较高,冰自中央向周围任何方向移动,不经融化而直接入海,因其覆盖整个陆地再由陆地边缘直接入海,故称大陆冰川。

地球谜题的神秘面纱　地球秘密通报

山谷冰川，它发生于高山或雪线以上的雪原中，由冰川主流和它的分支流组成整个高山冰川系统。当冰层沿山谷向下移动，过雪线继续向下移，其流动情形与河流相似，故称为山谷冰川。

山麓冰川，当山谷冰川从山地流出谷口抵达平坦地区，冰向平面展开，在山麓地带扩展或汇合成一片广阔的平原，称为山麓冰川。

冰川在世界两极和两极至赤道带的高山均有分布，地球上陆地面积的1/10都为冰川所覆盖，而人类需要的淡水资源80%就储存于冰川之中。现代冰川在世界各地几乎所有纬度上都有分布。地球上的冰川，大约有2900多万平方千米，覆盖着大陆11%的面积。冰川冰储水量虽然占地球总水量的2%，储藏着全球淡水量

的绝大部分，但可以直接利用的很少。

现代冰川面积的97%、冰量的99%为南极大陆和格陵兰两大冰盖所占有，特别是南极大陆冰盖面积达到1398万平方千米，最大冰厚度超过4000米，冰从冰盖中央向四周流动，最后流到海洋中崩解。

我国冰川面积分别占世界山地冰川总面积的14.5%，是中低纬度冰川发育最多的国家。其中西藏的冰川数量多达20000多条，面积近30000平方千米。我国冰川山脉山体巨大，为冰川发育提供了广阔的积累空间和有利于冰川发育的有利条件。

冰川消退

全球气候的小幅度波动虽然并不为人明显发觉，但对于冰川来说则有显著的影响。气温的轻微上升都会使高山冰川的雪线上移，海洋冰川范围缩小。长期观察表明，这一现象是存在的。根据海温和山地冰川的观测分析，估计由于近百年海温变暖，造成海平面上升量约为0.02米至0.06米。其中格陵兰冰盖融化，已经使全球海平面上升了约0.025米。

全球冰川体积平衡的变化，对地球液态水量变化起着决定性作用。如果南极及其他地区冰盖全部融化，地球上绝大部分人类将失去立足之地。

冰川是在一些高山地区或是在两极地区经常见到的那一层雪白无瑕的外衣。冰川的流动速度极慢，每昼夜一般只能移动1米，个别流速快的冰川能流动20多米。

冰川期成因之谜

冰期对全球的影响

大面积冰盖的存在，改变了地表水体的分布。晚新生代大冰期时，水圈水分大量聚集于陆地，而使全球海平面大约下降了100米。如果现今地表冰体全部融化，则全球海平面将会上升80米至90米，世界上众多大城市和低地将被淹没。冰期时的大冰盖厚达数千米，使地壳的局部承受着巨大压力而缓慢下降，有的被压降100米至200米，南极大陆的基底就被降于海平面以下。

北欧随着第四纪冰盖的消失，地壳则缓慢在上升。这种地壳均衡运动至今仍在继续着。冰期改变了全球气候带的分布，大量喜暖性动植物物种灭绝。

天文学成因说

天文学成因说是考虑太阳和其他行星与地球间的相互关系。太阳光度的周期变化影响地球的气候。太阳光度处于弱变化时,辐射量减少,地球变冷,乃至出现冰期气候,有利于冰川生成。

地球物理学成因说

地球物理学成因说影响因素较多,有大气物理方面的,也有地理地质方面的。大气透明度的影响:频繁的火山活动等使大气层饱含着火山灰,透明度低减少了太阳辐射量,导致地球变冷。

> 地球目前正处于第四纪大冰期的后期。最近一次冰川广布的情况是在10000多年前结束的。此后,气候总的来说在逐渐变暖,冰川逐渐消融,规模变小,现在冰川的面积只占陆地面积的10%。

地球谜题的神秘面纱　地球秘密通报

沙漠开花现象

在秘鲁南北狭长、宽度仅30千米至130千米的滨海区，地面广泛分布着流动的沙丘，属于热带沙漠气候，该地区年平均气温超过25度，年降水量不足50毫米，南部低于25毫米，气候炎热干旱。

但有的年份降水量突然成倍增长，沙漠中会长出较茂盛的植物，能开花结果。这种现象被称为"沙漠开花"。

沙漠为什么会开花呢

海洋气象学家认为，这与厄尔尼诺现象的出现密切相关。所谓的厄尔尼诺，是西班牙语"圣婴"的意思，因为它大约每隔2年至7年发生一次，但每次都发生在圣诞节前后，所以美洲

人给它取了个原意不错的名字"圣婴"。

正常情况下,热带太平洋区域的季风洋流是从美洲走向亚洲,使太平洋表面保持温暖,给一些岛屿国家周围带来热带降雨。但这种模式每2年至7年就会被打乱一次,使风向和洋流发生逆转,太平洋表层的热流会转而向东走向美洲,随之便带走了热带降雨。

厄尔尼诺的全过程分为发生期、发展期、维持期和衰减期4个时期,历时一般一年左右,大气的变化滞后于海水温度的变化。这种现象给人类带来了一系列的灾难。它一旦发生,一般要持续几个月,甚至一年以上。它除了使秘鲁沿海气候出现异常增温多雨外,还使澳大利亚丛林因干旱和炎热而不断起火;北美洲大陆热浪和暴风雪竞相发生;夏威夷遭热带风暴袭击;非洲会大面积发生土壤龟裂;欧洲会产生洪涝灾害。1982年至1983年,发生了一次严重的厄尔尼诺现象,它使全世界经济损失达80亿美元。

厄尔尼诺是怎么发生的

在赤道南北两侧，由于常年受到东南信风和东北信风的吹拂，形成了两股自东向西的洋流。从太平洋东部流出的海水，靠下层海水上涌补充。由于下层海水较冷，因此太平洋海面的水温呈现出西部高东部低的"翘板"。

太平洋东部秘鲁沿海的鲶鱼和海鸟多年来乐居在这一较冷的海域之中。从东向西流去的两股赤道洋流在到达大洋彼岸后，有一部分形成反向的逆流，再横越太平洋向东流去，这股暖性的逆流叫赤道逆流。但是，有的年份由于南半球的东南信风突然变弱，使得南赤道洋流也变弱，太平洋东部上升的冷水减少，而更多的暖水随赤道逆流涌向太平洋东部。这样，太平洋海面的水温的翘板就变成东部高西部低了。

然而，厄尔尼诺的发生机制还是一个谜，产生这种现象的原因还不清楚。最后，美国夏威夷大学的地震学家沃克指出：自1964年以来，5次厄尔尼诺现象的发生时间都与地球的两个

移动板块之间的边界上发生地震这一周期现象密切吻合。但它们之间有没有因果关系，还有待于进一步探讨。还有的科学家提出厄尔尼诺与一种叫南部振荡的全球性气候变化体系有关，从而影响了南半球的信风强弱。

我国科学家提出的假设

我国科学家提出了一种假设，认为厄尔尼诺现象可能与地球自转速度变化有关。他们对照了20世纪50年代以后地球自转速度变化的资料发现，只要地球自转年变量迅速减慢持续两年，而且数值较大，就会发生厄尔尼诺现象。

由于地球自转减慢，跟随地球一起运动的海水和大气在惯性力作用下，会产生一个向东的相对速度，这个速度在赤道附近最大。据计算，可以使赤道附近的海水和大气获得每秒0.005米的相对速度，使得原来自西向东的赤道洋流和信风减弱，导致太平洋东西岸水温的变化。

目前对厄尔尼诺现象的研究已使用气象卫星、海洋调查船、浮标机器人等先进科学手段。还有一些科学家已转向地质研究，即从一些沿海河口淤泥堆积现象来分析在遥远的过去所发生的厄尔尼诺现象遗迹。

1985年和1986年冬季，中美两国科学家联合进行热带海洋综合考察，发现西太平洋热带海域中有大范围异常水温现象，初步判定厄尔尼诺现象已经形成。这是科学家对此现象的第一次预报。

撒哈拉绿洲之谜

撒阿哈沙漠概况

撒哈拉大沙漠在非洲的北部，西起大西洋，东至红海海边，纵横于大西洋沿至尼罗河河畔的广大非洲地区，总面积大约有800万平方千米。撒哈拉大沙漠是由许多大大小小的沙漠组成，平均高度在200米至300米之间，中部是高原山地。它的大部分地区的年降水量还不到100毫米，气温最高的时候可以达到58度。

撒哈拉大沙漠从古至今难道一直是这样吗？经过人们艰苦探索，终于证明撒哈拉大沙漠地区远在公元前6000年至公元前3000年的远古时期，是一片绿色平原。那些早期居民们曾经在这片绿洲上，创造出了非洲最古老和值得骄傲的灿烂文化。那么撒哈拉大沙漠的"绿洲之谜"到底是怎么回事呢？

意外发现岩画

19世纪中叶，德国一位叫巴尔斯的探险家，在阿尔及利亚东部的恩阿哲尔高原地区曾意外发现有犀牛、河马和一些在水里生活的动物岩画。他还惊奇地发现，在这些岩画里边竟然没有骆驼这种动物。巴尔斯很兴奋，因为只有有沙漠的地方，才会有骆驼！只有有水和草的草原上，才会有水牛、河马。

撒哈拉大沙漠里的岩画上没有骆驼，这就说明这里在远古的时代一定是有水、有草的大草原，绝不会像现在这样子，到处都

是沙丘和流沙。

撒哈拉的草原时代

那么，这些壁画是什么年代创作出来的呢？亨利·诺特他们用碳-14的测定年代方法表明，这些壁画大约是在公元前5400年至公元前2500年之间创作出来的。

亨利·诺特他们还发现，这些壁画往往是用不同的风格和不同的年代刻画在岩壁上的，所以显得重重叠叠地刻画在一块儿。这些都说明，那时候撒哈拉地区的人们已经在这里生活了好几千年了。这就是说，那时候的撒哈拉地区正处在有水、有草、人兴畜旺的草原时代。

撒哈拉是如何形成的

科学家们发现，大约在公元前3000年以后的撒哈拉壁画里边，那些水牛、河马和犀牛的形象开始逐渐消失了。同时说明，

那时候的撒哈拉地区的自然条件正在发生变化。

至公元前100年的时候,撒哈拉地区所有的壁画几乎快要没有了,撒哈拉地区的史前文明也就开始彻底衰落了。科学家们经过分析和研究,估计这也许是由于那时候的水源开始干涸了,气候开始变得特别干旱了,要不就是发生了饥荒和疾病。

科学家们经过研究和分析,认为撒哈拉地区的草原逐渐变成沙漠大概经历了这么一个过程:先是气候发生突然的变化,下的雨迅速减少,一部分雨水落到干旱的土地上以后,很快就被火辣辣的太阳晒干了;另一部分雨水流进了内陆盆地,可是由于雨水量不多,也就滞留在了这里,盆地增高以后这些水就开始向四周泛滥,慢慢就形成了沼泽。

经过一年又一年的变化,沼泽里的水分在太阳的照射下慢慢

就变干了，这样就慢慢形成了沙丘。这时候，撒哈拉地区的气候变化得更加坏了，风沙也越来越猛烈。生活在这里的人们又不知道保护自己的生存环境，一个劲儿地砍伐树木，没有节制地放牧，撒哈拉地区也就慢慢变成了沙漠地带。

经过科学家们测定，山洞里边的骆驼形象大约是在公元前200年出现的。也就是至少在公元前200年的时候，撒哈拉就变成了一片茫茫的沙漠。

山洞里的岩画之谜

经过科学家们艰苦的探索，撒哈拉地区的绿洲之谜就算初步揭开了。科学家们看着这些撒哈拉大沙漠里的岩画，不由地产生了一个疑问：撒哈拉地区史前时期生活在这里的人们刻画了那么多的岩画，可是他们是用什么办法来刻画的呢？

有的科学家说阿尔及利亚的恩阿哲尔高原的一种岩石叫路石色页岩，能画出红、黄、绿一些颜色来，而且色彩十分艳丽。再说科学家们曾经在那些山洞里边发现了一个调色板，就是用这种页岩制作的。这个调色板上还残留着一些储石页岩的颜料。在这个调色板旁边，科学家们又发现了一些小石砚和磨石这样的调色工具。

所以生活在撒哈拉地区史前时期的人们也许是先用一种特别锐利的石头，在岩壁上刻出野生动物和人物的形象轮廓来，后头，再把储石页岩做成的颜料涂抹上去。

可撒哈拉地区山洞里的那些岩画经历了好几千年，岩画上的颜色为什么没有褪色，还是那样艳丽呢？这个问题一直到现在也没有解开，成为又一个难解之谜。

我还想知道

在撒哈拉大沙漠中，有时候也会看到一些水草丰盈的地方，被人们称作"沙漠中的绿洲"。所以，"撒哈拉"一词在阿拉伯语中是"大荒漠"的意思，形象地说明撒哈拉大沙漠是多么荒凉！

沙漠的秘密陷阱

有颜色的沙漠

彩色沙漠。美国科罗拉多河大峡谷东岸的亚利桑那沙漠,是世界罕见的彩色沙漠之一,面积13000平方千米。

整个沙漠呈粉红、金黄、紫红、蓝、白、紫、褚色,好像盛着宝石的大盘子,令人眼花缭乱。

红色沙漠。辛普森的红色沙漠位于澳大利亚中心,面积14.5万平方千米。

整个沙漠由一列列平行的沙脊组成,远远望去犹如大海的波涛。沙漠呈红色,绮丽无比。

黑色沙漠。苏联中亚细亚土库曼的卡拉库姆沙漠,位于里海和阿姆河之间,面积35万平方千米。

整个大沙漠一片棕黑色,远远看去犹如一块奇大无比的黑布。

白色沙漠。美国新墨西哥州有个路索罗盆地,这里白沙浩瀚,是一片银白的世界。

原来该地区的沙是由砂石膏晶体的微粒组成的。有趣的是,这里的老鼠、蜥蜴和几种昆虫也都是白色的。

恐怖的沙漠

1945年4月间,对希特勒德国的最后合围在即,一队西方盟军的辎重车路经德国威玛市驶向前方。驾驶第一辆车的是上等兵钟纳斯。为了如期赶到前线,他正聚精会神地掌握着方向盘。

突然,一阵呼啸,接着"轰"的一声,一枚炸弹在他们车队的前方爆炸。"啊!不好。"钟纳斯意识到已遭敌人袭击。他立即转动方向盘,冲向公路旁的一处像是长了草的沙滩。

就在这时，他忽然觉得车身向一侧倾斜。他伸手推车门，想看个究竟。但门已经打不开了。

他探头窗外，不禁大吃一惊，原来卡车像下沉的船似的，正在慢慢地向沙里陷，沙子已经淹没了半截车门。钟纳斯连忙从车窗攀上车顶。

几分钟以后，沙子已淹没到挡风玻璃。钟纳斯听到沙地发出"嘶嘶"的吸吮声，就像有人在喝汤一样。瞬息间，流沙已掩到了驾驶室顶盖，他连忙爬上盖着帆布的货堆，但沙仍旧不停地向着他慢慢涌来。

已经无处可逃了。他决定孤注一掷，使尽浑身力气，向着公路纵身一跃。落地时他虽双膝陷到沙里，但幸好身躯向前倾倒，慌乱中，他抓住了公路旁的野草。

这些草是长在结实的地面上的，这真是抓到了救命的"稻草"。

在草的帮助下，他终于挣扎着爬出了这吓人的陷阱。当他定下神来，再回头看他的汽车时，已是踪影全无。

流沙到底是什么

流沙是大自然所设计出的最巧妙机关，它可能藏在河滨海岸甚至邻家后院，静静地等待人们靠近，让人进退两难。

在1692年的时候，牙买加的罗伊尔港口就曾发生过因地震导致土壤液化而形成流沙，最后造成这个城市2000人丧生的惨剧。

但是，大多数人往往都没见过流沙，更没有亲眼目睹别人

掉进流沙或者亲身经历过。

人们对于流沙的印象主要基于各种影片，在电影塑造的场景中，流沙是一个能把人吸入无底洞的大怪物。

一旦人们身陷其中，往往不能自拔，同伴只能眼睁睁地看着受困者，顷刻间被沙子吞噬。

科学家对流沙的研究

荷兰阿姆斯特丹大学柏恩领导的科研人员，经过反复实验后发现，要把沙子变得像太妃糖一样黏，需要好几天的时间。但要让它失去黏性则很容易，只要在其表面施加适当的压力即可。

一旦流沙表面受到运动干扰，就会迅速液化，表层的沙子会变得松松软软，浅层的沙子也会很快往下跑。

　　研究还发现,当物体陷入流沙后,下陷速度要视物体本身的密度而定。流沙的密度一般是2克/毫升,而人的密度是1克/毫升。

　　在这样的密度下,人的身体沉没于流沙之中不会有灭顶之灾,往往会沉到腰部就停止了。

　　研究认为,陷入流沙的人一般都动不了。密度增加以后的沙子粘在掉进流沙里的人体下半部,对人体形成很大的压力,让人很难使出力来。即使大力士,也很难一下子把受困者从流沙中拖出来。

　　经研究人员计算,如果以每秒钟0.01米的速度,拖出受困者的一只脚,就需要约10万牛顿的力,大约和举起一部中型汽车的力量相等。

　　所以除非有吊车帮忙,否则很难一下子把掉进流沙的人拉出来。研究还指出,照这种力量计算,如果生拉硬扯,那么在

流沙"放手"前，人的身体就已经被强大的力量扯断。此举所造成的危险，远高于让他暂时停在流沙当中。

最明智的做法是不要在流沙中挣扎。而是耐心而轻微地来回倒脚，使沙浆松散开来，不要紧紧地粘住流沙。如果撒哈拉大沙漠确实有骆驼被流沙吞没，肯定是骆驼拼命挣扎着要逃出来，结果是被流沙完全淹没。

如何在流沙中进行自救

荷兰阿姆斯特丹大学的柏恩指出，逃脱流沙的方法是有的。那就是受困者要轻柔地移动两脚，让水和沙尽量渗入挤出来的真空区域，这样就能缓解受困者身体所受的压力，同时让沙子慢慢变得松散。

受困者还要努力让四肢尽量分开，因为只有身体接触沙子的表面积越大，得到的浮力就会越大。只要受困者有足够耐心，动作轻缓，就能慢慢地摆脱困境。

在流体力学中，流沙被归为膨胀性流体。也就是说剪力越大，流沙抵抗剪切运动的黏性也就越大。这是为什么要用吊车才能把人拉出来的原理。就是因为黏性增大，流沙阻碍人向上运动的力也就增大了。

土壤液化为一类地盘破坏的方式。土壤液化主要发生在沙质土壤为主，并且地下水位较高的区域。例如海岸地区、河水行经的冲积平原区或旧河道分布区等。

沧海桑田变换的奥秘

新疆曾经是海洋

在19亿年至18亿年以前，新疆只有一些岛屿小陆地，散落在浩渺的亚洲古老大洋之中。经过19亿年至18亿年期间地壳运动的打造，这些岛状陆地逐渐拼合成较大的陆块，陆块经过反复隆升、沉降，沉积了以碳酸盐岩为主，含有大量藻类生物的海相地层。在9亿年至8亿年前时，再次拼合成两个更大的陆地"塔里木和伊犁"。8亿年前至5.7亿年前中，塔里木和伊犁出现了陆上冰川，后期又沉入水下成为浅海。

准噶尔仍继续飘浮在古亚洲洋之中，开始它与阿尔泰和吐哈是连在一起的整块，与西伯利亚古陆之间有深水大洋相隔。

准噶尔火山运动

4.39亿年以后，它仍和西伯利亚拼连到一块。4.09亿年至3.75亿年时，阿尔泰与准噶尔分离了，准噶尔几乎是一片火海。3.55亿年前至3.23亿年间前地壳又张开，形成一个喷火大裂谷，将准噶尔和吐哈陆块分开。古特提斯海只到达塔里木周围和北疆东南部，古特提斯海主要分布在昆仑和喀喇昆仑，最北曾进入到塔里木盆地的库车地区。在这数十亿年漫长的沧桑演变之中，经过多次反复形成了一些与海洋和地壳运动有关的重要矿产，如金、铁、石油、石膏、盐、玉石等。

沧海变桑田原因

沧桑之变是发生在地球上的一种自然现象。因为地球内部的物质总在不停地运动着，因此会促使地壳发生变动，有时上升，有时下降。挨近大陆边缘的海水比较浅，如果地壳上升海底便会露出而成为陆地。相反，海边的陆地下沉便会变为海洋。有时海底发生火山喷发或地震，形成海底高原、山脉、火山，如果露出海面，也会成为陆地。沧海桑田的主要原因是气候的变化。

气温降低，由海洋蒸发出来的水在陆地上结成冰川，不能回到海中去，致使海水减少，浅海就变成陆地。相反，气温升高，大陆上的冰川融化成水流入海洋，会使海面升高，又能使近海的陆地或低洼地区变成海洋。

据科学家测算，如果地球大陆上的冰川全部融化，流入海洋的水可以使海面平均升高七八十米，那样将有许多陆地变成海洋。

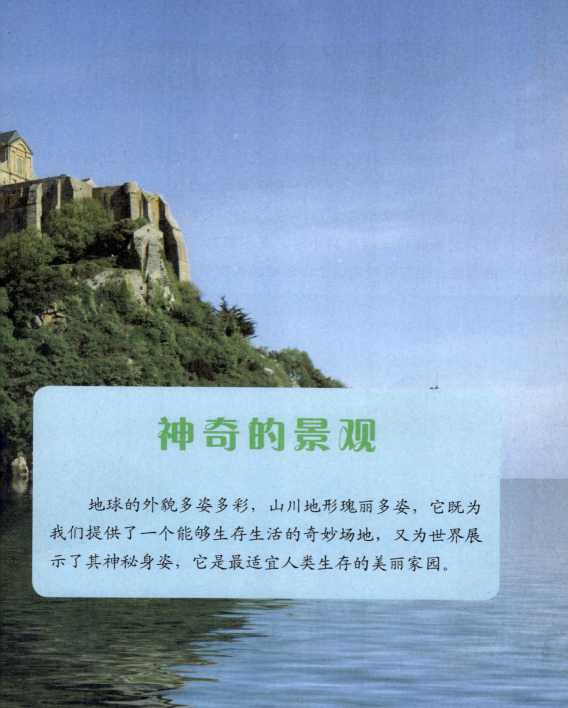

神奇的景观

　　地球的外貌多姿多彩，山川地形瑰丽多姿，它既为我们提供了一个能够生存生活的奇妙场地，又为世界展示了其神秘身姿，它是最适宜人类生存的美丽家园。

能自己转动的岛

小岛自转现象

西印度群岛中有一个面积不大的无人小岛,岛上分布着一片一片的沼泽地,看起来没有任何的稀奇之处。

实际上这个小岛非常特别,因为这座岛可以像地球一样自转。它每旋转一周是24小时,从不停息。而且从没出现过反转的现象。也有资料说这个小岛旋转速度很快,最快时每分钟转一

周，最慢时12分钟转一圈。

自转小岛的发现过程

这个旋转的神奇小岛是在1964年被发现的，当时一艘名为"参捷号"的货船途经此地，船长看到这个小岛有着茂盛的植被，还随处可见泥潭沼泽，便率领船员登上小岛，想找找看有没有什么奇花异草、珍禽异兽之类的宝贝。

小岛很小，人们巡视了一番后，没有找到自己想要的东西，船长便打算带领船员离开这个地方。在临上船前，船长在一棵树上刻下了自己的名字，还有他的船名和他登上这个岛的时间。

回到船上，正准备起航时，一个船员忽然大叫起来："这儿不是我们刚才下船的地方吗，为什么抛下锚的船会自己移动呢？"

在这名船员的提醒下，船长和其他成员也惊讶地发现事实的确如此，确切地说这里不是他们下船的地方，距离最初停船的地方差着几十米。

他们检查了所有设备，但一无所获，铁锚十分牢固地勾着海底，不像是人为做出来的事情，那么唯一的可能就是岛自己在移动了。

这个发现让他们震惊，继续观察后更让船长和船员们吃惊，这个小岛在快速地旋转，很快，船长就发现，自己刚才刻字的树木离自己越来越远了。

船长和船员们甚至开动大船追上去想看个究竟，但当他们的船开动后，小岛又仿佛停止了转动，他们感觉非常奇怪。暗想，

这到底是怎么回事呢?

　　被这种诡异现象激起了探险兴趣的船长决定在此地留宿。第二天早上,船上的人发现自己的位置又变了。经过一个多礼拜的探索,人们对于小岛会自转的现象才从惊恐变得习以为常了。船员们发现,这个小岛很有规律,每天都会转上一圈,像一块准时的手表一样转个不停,只不过这手表未免太巨型了。

人们对自转小岛的解释

　　自转小岛意外的发现使得这个无名小岛一下变得举世瞩目。人们对于小岛自转的现象半信半疑,于是有人亲自登上小岛观察。结论便是这个小岛真的在自己运转,而且速度之快,可以让

在岛上的人亲身感受到。

　　这样一个孤岛，为何会自己旋转呢？有人解释说这座岛其实是一座冰山，它漂浮在海面上，随着海浪的涨落而运转。但这种推测很快被推翻，因为漂浮在海面上的冰山还有很多，那些冰山却不能自己旋转，而且这个岛如此有规律地旋转，像地球一样每24小时转一周，这点实在让人费解。

　　还有人认为，岛底形成支持点状结构，并且岛上部分与海底岩石部分分离，在岛上可能有什么磁铁矿之类的东西，在地磁场的作用下便产生了扭转力矩，于是整个岛转动起来。

　　另一种解释认为，这里的岛屿大部分都是珊瑚岛。有人发现，海洋中有一种专吃珊瑚的微生物生长在这个小岛下，在这种微生物的日久天长的蚁食下，岛的底部形成蛀牙状尖顶，最后形成具有支点形状的尖底结构。

　　同样，在地磁或月球等天体的引力作用下或地球自动力的启动下，这个岛就像陀螺一样转了起来，这种解释似乎才是更合乎物理定律的解释。

　　但到底哪一种说法是正确的，时至今日，对于这个神奇的旋转岛，人们依然还没有找到合理的科学解释。

　　相关记载：有一艘希腊货轮在一次远航途中，发现离船1000米远的海面上，有个不断旋转的庞然大物，吓得船长和水手们束手无策。后来驶近了才看清楚，原来是个小岛。

会旅行的岛

会旅行的布维岛

在南半球的南极海域,有一个会旅行的岛,叫布维岛。1739年,法国探险家布维第一个发现此岛,并测定了它的准确位置。谁知,过了80多年后,当挪威考察队登上该岛时,这个面积为58平方千米的海岛,位置竟西移了2500米。究竟是什么力量促使它旅行的,至今仍是个谜。

发现布维岛的历史

1739年,布维岛由法国航海家巴蒂斯特·夏尔·布维发现。但是布维没有对该岛进行考察,因此无法判定其究竟是一个岛屿还是南极大陆的一部分。

1808年，布维岛才第二次被人发现，发现者是恩德比公司捕鲸船"天鹅号"的船长林塞。

1822年12月，捕海豹船"黄蜂号"的船长本杰明·莫雷尔第一次登上该岛，捕猎海豹。

1825年12月10日，恩德比公司船东诺里斯船长将该岛命名为"利物浦岛"，并宣布其为英国领地。1898年，德国探险家库恩再次抵达该岛，但未上岛考察。

1927年的一个挪威考察队再次来到这里。他们在岛上居住了一个月，并将其命名为布维岛。

英国稍后放弃了对该岛的主权要求。第二次世界大战前及战争期间，布维岛附近海域成为挪威捕鲸船作业基地，捕获了大量南露脊鲸和抹香鲸。

1941年1月中旬，德国海军辅助巡洋舰"企鹅号"曾在布维岛海域掠获了11艘挪威捕鲸船和3艘鲸鱼加工船。

1971年，布维岛被挪威政府宣布为自然保护区，禁止人员常年居住。

1977年，挪威在岛上设立了一座自动气象站。

布维岛的地理位置

布维岛位于南大西洋南部，是地球上最后一处没有危险的真实物种入侵的地方。自从1739年被发现以来，布维岛附近一直罕有人迹，很少有人敢冒险靠近这座罕见的小岛。

布维岛是南大西洋的一个孤立火山岛，距好望角约2560千米。东西长8000米，南北宽6400米，最高海拔945米。由黑色熔岩组成，覆有冰层，海岸陡峭。东部有冰川，北部长苔藓，并多鸟粪。

这座小岛的大部分被冰层覆盖，其余是耸立在海面上的陡峭悬崖。岛上有一块熔岩岩石，足够几只海鸟在上面筑巢。

还有一条由黑火山岩沙粒形成的稀薄海滩带，但是这里没有

码头或者登陆地点。

布维岛全岛最高处为780米高的奥拉夫峰。沿海为冰崖和黑色火山岩。岛的东部在1955年至1958年露出了原生火山岩，有鸟类栖居。

1927年，布维岛变成挪威人的领土，1971年被宣布成为自然保护区。除了1977年在这里建设一座自动化气象站外，人类几乎没在上面留下任何足迹。

距离布维岛最近的陆地是位于它南部近1600千米的南极洲毛德皇后地。距离它最近的有人居住的岛是距离它大约2260千米的

特里斯坦–达库尼亚群岛。距离它最近的有人居住的陆地，是位于它东北方向大约2580千米处的南非。

布维岛93%被冰覆盖，它上面的冰川经常落入南冰洋。这座小岛除了露出地面的小块岩层上生长着苔藓和地衣外，没有任何植被。

布维岛在1979年开始出名，当时一颗美国间谍卫星在该岛附近发现双闪灯光。尽管这从没得到证实，但是很多人认为，这些闪光说明可能某个国家正在这里进行一项核试验。

布维岛发展现状

目前，布维岛岛上的物种并不太多。布维岛的大小和与世隔绝的程度估计有140万年，意味着岛上的生物非常简单，它有2种

地衣、3种欧龙牙草、49种苔藓、5种螨类和3种跳虫。

目前还没有人检查岛上是否有线虫类或节肢动物，但是岛上的所有生物都处于良好的生活状态。来这里的人越少，布维岛保持无外来物种入侵的时间也就越长。当然，假设冰下没有外来物种沉睡，它会继续保持现状。

我还想知道

塞布尔岛位于加拿大东南的大西洋中，同样会移动位置，而且移动得很快，仿佛有脚在走。由于海风日夜吹送，近200年来，小岛已经向东旅行了20000米，平均每年移动100米。

寸草不生的岛

航船的坟场

世百尔岛海拔不高,只有在天气晴朗的时候,才能望见它露出水面的月牙形身影。人们曾亲眼目睹几艘排水量5000吨、长度约120米的轮船,误入浅滩后两个月内便默默地陷没在沙滩中。

世百尔岛由泥沙冲积而成,全岛到处是细沙,不见树木。小岛四周布满流沙浅滩,水深约有2米至4米。船只一旦触到四周的流沙浅滩,就会遭到翻沉的厄运。奇怪的是每当海轮驶近小岛附近,船上的指南针便会突然失灵,整艘船就像着了魔似的被小岛吸引过去,使船只触礁沉没。许多航海家望岛生畏,叫它"死神

岛"。几百年来，有500多艘大小航船在该岛附近神秘地沉没，丧生者多达5000余人。

历史资料的记载

1898年7月4日，法国"拉·布尔戈尼"号海轮，不幸触沙遇难。美国学者别尔得到消息，认为船员们已登上世百尔岛，便组织了救险队登上该岛，可连一个人影也没有发现。由于岛上浅沙滩经常移动位置，因此人们才有机会发现沙滩中航船的残骸。

19世纪，一艘美国木帆船下落不明。直至40年后，那艘木船身才从海底露出。1963年，岛上灯塔管理员在沙丘上发现了一具人体骨骼、一只靴子上的青铜带扣、一支枪杆和几发子弹，以及12枚1760年铸造的杜布朗金币。此后，又在沙丘中找到厚厚的一叠19世纪中叶的英国纸币。

世百尔岛上的救生站

由于航船在世百尔岛不断罹难，1802年，英国政府在世百尔岛上建立了第一个救生站。救生站仅有一间板棚，里面放着一艘捕鲸快速艇，板棚附近有一个马厩，养着一群壮实的马。每天有4位救生员骑着马，两人一组在岛边巡逻，密切注视着过往船只的动向。救生站建立后，发挥了巨大作用。

1879年7月15日，美国一艘"什塔特·维尔基尼亚号"客轮，载着129名旅客从纽约驶往英国的格拉斯哥，途中因大雾不幸在世百尔岛南沙滩搁浅，但在救生站的全力营救下，全体船员顺利脱险。

国内各地的龟山

湖北省武汉的龟山

相传大禹治水到此，遇一水怪作乱，数载不克，后得灵龟降伏水怪，治水成功。后灵龟化为一山，即龟山。在龟山东端，有禹功矶、禹王庙、摩崖石刻等古迹；晴川阁遗址在禹功矶上，与蛇山矶头上的黄鹤楼隔江相望，"为三楚胜地，千古巨观"。

龟山原名大别山，后又称鲁山，因为东吴大将鲁肃的衣冠冢在此。这名字一直用至明代。

明朝的皇帝极其崇奉玄武，封玄武为帝。玄武龟形，时任湖北巡抚的王俭不知是灵感，还是听了别人的主意，将鲁山改名龟山，奏请朝廷，自然得到批准。于是鲁山就称龟山。隔江相对的黄鹄山就称为蛇山。

这一改也真改得好。不仅黄鹄山蜿蜒如蛇，鲁山蹲伏如龟，而且，顿见出武汉三镇风水气脉贯通，不同凡响。

在龟山的西面，建有向警予墓。墓呈圆形，白色，基环方围。在月湖侧畔，建有古琴台，又名伯牙台。

相传古时伯牙在此鼓琴，钟子期能识其音律，即破琴绝弦，终身不复鼓琴，后人感其情谊深厚，特在此筑台以资纪念。据记载，此台北宋时已有，清嘉庆年间重修，后颓败，新中国成立后修复。

龟山的地形可谓得天独厚。它一边临长江，一边临汉江。长江这边与蛇山隔江相望。汉江那边与汉口江滩相对。最妙的是汉江从它的一侧包抄过来，就在它的脚下，与长江汇合，形成一个三角地，名为南岸嘴，风景极为壮观。

山东省宁阳的龟山

位于我国山东省泰安市宁阳县鹤山乡，外形如一只爬行中

的乌龟。有关神话说原本是天宫中的龟将军，因其违反天条被贬下界投胎为乌龟，形体巨大，但在人世间依然兴风作浪，危害人间。

碧霞元君欲说服教育，哪知其不知悔改，往南逃走。无奈碧霞元君在其前方扔下一个山丘，名曰挡龟岭，挡其去路，龟泣血而死，化身为龟山。

其山石呈红色，又名龟血石。龟山石又名鹤山石，分布在山东省泰安市宁阳县鹤山乡龟山、鹤山南麓，储量极少，分布不均。西部石质较软，适于制作茶具；东部石质较硬，适于制作砚台。

龟山砚具有坚而不顽、柔中有刚、滑不拒笔、涩不滞墨等特点，并且上布金星，极为珍贵。有"研笔如锉，化墨如油，隔宿不漏"之美誉，历来为文人墨客所推崇。

由于紧邻曲阜，古代流传有"圣人府前卖过砚"之说，证明了当地人对龟山砚的喜爱。

湖北省麻城的龟峰山

龟峰山人文历史悠久丰厚,"神龟吞日"的神话将历史带进洪荒远古,"柏举之战"的春秋吴越争霸史实,则将2500年的烽火弹指在一挥之间。

魏武帝曹操、唐太宗李世民、明太祖朱元璋、太平天国英王陈玉成、清代廉吏于成龙等历史人物,都在此留下斑斑踪影。因此,自古便是名人雅士风云际会的胜地,如今更是城乡游客流连忘返的天堂。

河南省信阳的龟山

位于河南省信阳市浉河区五星办事处,距市区5000米。为信阳四大名山之一,海拔162.2米,因其外形像龟,故名龟山。龟山处在浉河与界河的交汇处,两河水从山下流过。每逢冬雪过后天气转晴之时,站在高处或河边眺望,龟山酷似一只玉堆甲背的巨龟在河边昂首西望,龟山晴雪是古代信阳八景之一。

清代诗人郭际雍赞道:"日观冰花聚,龟山态不群。纨妆浮霁色,玉甲带寒云。烟淡遥岚接,晶明近郭分。东郊堪纵眺,旷与令人醺。"

山东省枣庄的龟山

位于山东省枣庄市区东北16千米的孟庄镇境内,紧濒国家级森林公园抱犊崮,西、南两面群山环抱,含龟山、蛇山、黄山三山,流域面积约6000亩。

枣庄的龟山,是因山体形状酷似伏卧龟而得名,龟山海拔高度300余米,山顶周围悬崖峭壁,密布历代绿林豪杰设置的旗杆眼座,只有南、北两面可自然上下。

龟、蛇二山之间有龟山窝泉,泉水顺山涧而下,"叮咚"作响。山上还有清朝嘉庆年间木乃伊古墓一座及龟山寺遗址一处,山西侧山崖有多处自然溶洞,洞内有形态各异的钟乳、石

笋等，是山东省著名的地质公园。

龟山上还有始建于唐代的龟山寨，据传为唐代名将罗成建造，经过历代重修扩建，其规模不断扩大，战乱期间，山下百姓为了逃避灾祸，纷纷投靠龟山，寻求庇护，逐渐形成村落。

据传，山上当时居住有上百余户人家，他们吃喝均在山上，基本过着与世隔绝的生活。

如今，数百年过去了，山上的石磨、石碾、蓄水池、烛台等物品，虽历经沧桑，却遗迹犹存。

> 我还想知道
>
> 《龟虽寿》是曹操创作的一首乐府诗，作品阐发诗人的人生态度，有一种真挚而浓烈的感情力量。写诗时，曹操刚击败袁绍父子，平定北方乌桓，乐观自信，充满建功立业的豪情壮志。

能烧开水的沸石

沸石造成沸腾假象

多年前,欧洲一位地质学家在野外考察时,用水壶烧水解渴。他点燃篝火,只一小会儿,壶里的水已沸腾了。当他喝水时,发觉水根本没开。

奇怪的是,当他重又把壶放在火上时,水立刻又沸腾起来。

这到底是怎么回事?这位地质学家经过仔细察看后,发现水里有一小块白色石头。原来正是这块石头在加热时放出大量气泡,造成沸腾的假象。

沸石的名字来历

经化验,这块神奇的白色石头名叫沸石。它是一种矿石,最早发现于1756年。当时,瑞典的矿物学家克朗斯提发现有一类天然硅铝酸盐矿石,在灼烧时会产生沸腾现象,因此命名为"沸石"。在希腊文中意为沸腾的石头。此后,人们对沸石的研究不断深入。

沸石有很多种,目前已经发现的就有36种。它们的共同特点是具有架状结构,也就是说,在它们的晶体内,分子像搭架子似的连在一起,中间形成很多空腔,在空腔里存在很多水分子,因此沸石是含水矿物。这些水分在遇到高温时会排出来,当用火去

烧时，大多数沸石便会膨胀发泡，像是沸腾了一般，沸石也由此得名。

沸石的不同形态

不同的沸石具有不同的形态，如方沸石和菱沸石一般为轴状晶体，片沸石和辉沸石则呈板状，丝光沸石又成了针状或纤维状等。各种沸石如果内部纯净的话，它们应该是无色或白色的。

但是如果内部混入了其他杂质，便会显出各种浅浅的颜色来。沸石还具有玻璃样的光泽。我们知道沸石中的水分可以跑出来，但这并不会破坏沸石内部的晶体结构。因此，它还可以再重新吸收水或其他液体。

于是，这也成了人们利用沸石的一个特点。我们可以用沸石来分离炼油时产生的一些物质，可以让它使空气变得干燥，可以让它吸附某些污染物，净化和干燥酒精等。沸石矿物有很广的分布，特别多见于由火山碎屑形成的沉积岩石中，在土壤中也有发现。

沸石的奥秘

在科学仪器的检测下，沸石终于露出其"庐山真面目"。它的晶体非常细小，只有在电子显微镜下才能看到。它是无数沸石晶体构成的集合体。晶体的形状也各不相同，每个晶体的内部有大小均匀的孔穴与孔道。

可想而知，构成晶体的孔穴和孔道当然就更小了。孔穴被孔道连通，形成了非常整齐的孔穴孔道网。在孔穴和孔道中，常常有水和镁、钾、钙等物质，受热或遇上干燥环境，水汽就会冒出来。

那么，沸石在沸水中为什么会冒泡泡呢？

科学家克隆斯特经过长时间的观察后，才洞察了其中的奥秘。原来，沸石中含有20%的水，受热会气化失去水分，当温度降低时又会吸收水分。在沸水中受热水变为气，成为泡泡冒了出来，蒸发后降温，又吸水，如此循环，就是沸石在沸水中冒泡的原因。

恐怖的毒石

1986年8月，非洲马里共和国的一个地质勘探队正在亚名山进行勘探。挖着挖着，猛然觉得下面硬硬的，好像有什么异常物体，急于挖到宝的他们不辞辛劳地干了起来。很快，一块美丽的大石头呈现在他们面前。

石头的上部呈蓝色，下部呈金黄色，形状就像鸡蛋一样，大

约重5000千克。他们还未来得及分享胜利的喜悦，就已感觉到手脚麻木，视线模糊，接着发出痛苦的呻吟。

不久，他们被送到了医院，虽经医务人员奋力抢救，还是因中毒过深而未能逃出死神的魔爪。他们为什么会中毒呢？

对毒石进行研究

研究人员对这块怪异的大石头做了记录，并采集了一点石头小样以供科学研究。在实验室里，虽然采集来的恐怖的毒石早已散净了毒气，但人们依然心有余悸。

经过研究人员进一步的化验，事实的真相终于水落石出。

原来毒气来自那可恶的美丽的大石头，这就是"马里毒石"。岩浆从地下上升的过程中，常常伴随着大量气体，其中有一部分是毒气。岩浆在凝结成岩石的过程中，气体大都从岩浆中挥发出来了，但也有的气体很难挥发出来。

这样的话，不容易挥发的气体，例如毒气，就会停留在石头里。勘探队员在挖宝的时候，石头由于被移动而释放出毒气，使他们在不经意间中毒了。

化学家发现沸石后，开始先用它来做吸水剂，后来，化学家又发现沸石有交换离子的性质，20世纪初沸石开始用来净水，以除去硬水中的硬度，如钙、镁等离子。

会唱歌的响石

发现会唱歌的石头

我国重庆市巴南区丰盛镇有一块坡度不大并且很平常的山地,叫紫云地。平时没有异样,每到雨天或者起风的日子,紫云地就会显现出别样的风情,石头就会传来各种奇妙的声音:有时像鸟叫,有时像鹰鸣,有时像女高音……响石和普通石头混杂在一起,小的如蚕豆,大的如油橙,外观颜色上并没有区别。

据说这里曾发现重达10多千克的响石,要双手合抱才能摇动发声。会唱歌的石头被当地人分为两种:

一种是石头体内含有颗粒，当地人称为石响石；

一种是石头体内含有液体，则被称为水响石。

会唱歌的石头在这里虽然遍地都是，但石响石很容易发现，水响石却很罕见。两者发出的声响差异当地人也不是十分清楚。

响石地带特点

重庆市巴南区丰盛镇地底属于喀斯特地形，中国洞穴探险协会曾在丰盛镇地下发现过成片的石林。这里地下河系统密布，天坑、漏斗、溶洞成群，构成一个神秘的地下世界。

而石灰岩中含的碳酸钙遇水易溶，使得岩石内部体积缩小，出现空腔的可能性增大，这正是形成响石的必要条件。

而长期频繁的水脉升降，让石灰岩中的碳酸钙循环消失，出现的过程加速，使岩石内部体积变小的过程更加频繁，这也是形成大面积响石带的原因。

在丰盛镇有眼泉水，名叫"三潮水"，意思即每日起落三次，这恰好说明当地地下水的消长频繁。

人们实验和结论

当地人发掘响石，是从距离地表约2米至3米的红土层内挖出来的。而且挖出的石头基本类似恐龙蛋那样的累积分布。

在那样的地下石头堆中，只有2块至5块是能摇出声音的响石，其他的没有任何反应。把没有反应的石块砸破，发现每块石头里面都是空心的仓室，内含物各自不同：有黏土、淤泥、含水量极高的软泥块、水、小石块……

在当地人挖掘响石以后，拿走了能摇出声响的石头。而在以

后几天内，却有人在挖掘响石的土堆里，又捡到了新的响石。有些石头，发掘出来后，本来是摇不响的，当故意把这些摇不响的石头，拿到火上去烤，烤一阵后就会出现石响石，甚至水响石。

水响石内的液体很难在岩石失水过程中保留下来，而石响石中的石头等颗粒保留相对更容易，所以两者比例差距极大。比较两者发出的声音，也会很容易辨别两种响石。

石响石内部因为含有颗粒，所以敲打时发出的声音清脆；而水响石含有液体，声音略显浑厚。雨夜里，响石最奇，石头被雨滴敲打，发出"觥觥"的声响，似悲凉秦腔；若节奏快了，则凄厉哀伤，如蒙冤窦娥的呐喊。

响石的形成机理

响石的形成机理是这样的：含菱铁质的泥质岩层里分布着一些土质结核。当结核因某种情况露出地表后，菱铁质逐渐渗出外溢，并在结核外层形成褐铁矿壳，内部泥质因失水而体积缩小，

并在泥质体与外壳之间形成空心，所以能在敲击时发出声响。

另外，在大风怒吼的时候，有的响石表面长期因风化作用产生裂缝，而空气在这些裂缝中急速通过，就会产生调高而急促的声音，就犹如我们在吹笛子时，笛子能够发出各种响声一样。

当石头被雨滴敲打的时候，它又会因为雨点落下的速度产生不同的效果。

当雨缓的时候，声音相对平和悠远，雨急的时候，则声音出现频率加快、音波叠加的效果，使人听不真切。

尤其是雨夜的环境，人们的心理容易出现各种奇特的联想，自然也就产生了类似有人喊冤的幻觉了。

> 响石是含菱铁质的泥质岩层里，有一些土质结核。当结核露出地表后，菱铁质逐渐渗出，并在结核外层形成褐铁矿壳，内部泥质因失水而体积缩小，并在泥质体与外壳之间形成空心而发出声响。

名不虚传的变位石

改变重量的石头

一般的石头，只要不风化剥落，永远就只有一个重量。但保存在我国贵州省惠水县村民罗大荣家中的一块贝壳类化石，却可以随时随地自行增减重量达2000克左右。

这块不寻常的椭圆形石头，其长直径为0.291米，宽度为0.259米，高度为0.182米，周长为0.886米。圆石表面是一层古铜色，错综盘绕的石纹构成了类似穿山甲鳞片、仰翻着的手掌以及对称的马蹄形等图形。

据圆石主人罗大荣说，最初称石时有22.5千克。朋友们在1989年春节时来观赏时，再过秤时圆石重量变成了25千克。随后一连数天，分别换了8杆秤反复校验，才发现这块圆石最重时是25千克，最轻时是22.5千克，重量相差波动2500克。

研究人员在一次测定中，记录了当天11时13分、11时43分、12时28分这三个时刻里圆石的重量：分别为21.8千克、22.8千克、23.8千克。在短短的1小时15分钟的时间里，圆石的重量竟增加了2000克。这块"变量石"名不虚传。

圆石的重量为何有增有减，并且如此显著呢？这种变化是否对应于重力场的某种变化呢？

会走路的石头

俄罗斯普列谢耶湖东北处，有一块能够自行移动位置的"变

位石"。该石呈蓝色,直径近1.5米,重达数吨。近300年来它已经数次变换位置。自1840年蓝色怪石出现在普列谢耶湖畔后,如今它向南移动了数千米。

17世纪初,人们在阿列克赛山脚下,发现了这块会走路的巨石,后来人们把它移入附近一个挖好的大坑中。数十年后,蓝色怪石不知何故却移到了大坑边上。

1785年的冬天,人们决定用这块石头建造一座新钟楼,同时也是为了将它压制。当人们在冰面上移动它时,不小心让它坠落湖底。

而至1840年末,这块巨大蓝石竟躺在普列谢耶湖岸边了。科学家们对这一奇特的现象进行了长时间分析研究,但始终未能解开其中奥秘。变位石同重力场之间,究竟存在着怎样的联系呢?

奇怪的航行石

死亡谷国家公园有太多奥秘，其中就包括自然界最奇怪的现象：石头会走。

在那近乎干枯的赛马场盐湖床上，石头们趁人不注意，就会走起来。科学家们是凭借石头在身后的地上留下的痕迹才知道它们在动，其实他们自己并没看见。当然我们不能完全排除有人恶作剧的可能性，但至少确实有些石头在移动。

赛马场盐湖不常下雨，常下雨的时候湖水会泛滥。石头们并不会浮起来，对石头移动的解释就归结为：由于潮湿石头下面的泥变得湿滑，大风吹来的时候，就更容易推着石头前进。

另外一个解释是，暂时沉积的水会结成大面积的薄冰，有助于风力的反射和集中，更容易推动石头前进。要想推动石头，风力需要达到至少每小时100千米。这就是为什么有时人们把这些

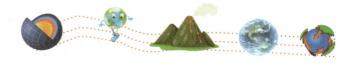

石头称为"航行石"。

无独有偶，在美国加州的死谷名胜区也有一种"会走路的石头"。这些石头散落在龟裂的干盐湖地面上长达1500米，石头大小不一，外观平凡，奇怪的是每一块都在地面上拖着长长凹痕，有的笔直，有的略有弯曲或呈"之"字形。

这些痕迹看来是石头在干盐湖地面上自行移动造成的。有些长达数百米。石头怎么会移动呢？

加州理工学院的地质学教授夏朴经过多年研究，找出了其中奥妙。他选了30块形状各异、大小不一的石头，逐一取了名字，贴上标签，并在原来的位置旁边打上金属桩作为记号，看看这些石头会不会移动。

结果不到一年光景，除了两块外，其余的都离开了原来的位置。有一块还移动了多次，共"走"了200多米，另一块石头一次就走了230多米。夏朴研究了石头的"足迹"，并查核当时的天气情况，发现石头移动是风雨的作用；移动方向与季节风的方向是一致的。

盐湖每年的平均雨量很少，但是即使微量雨水也会形成潮湿的薄膜，使坚硬的黏土变得滑溜。这时，只要附近山间吹来一阵强风，就足以使石头沿着湿滑的泥面向前滑动。

物理学告诉我们，地球上的物体重量在不同的地区会因地心引力的差异而有细小的差别。很显然，收藏的石头有悖于这个原理。

有气味的奇石

有香味的石头

香石的石质类型主要为蛇纹石化大理石，它的摩氏硬度是在3.2至3.5之间。呈咖啡、黄、绿等色，半透明或不透明，有天然石纹。香石以棕红色为佳。

香石的独特之处在于它能够发出类似奶油巧克力的味道。它的味道时浓时淡。当空气湿度大的时候，它会停止放香。待到天气晴朗干燥时，芳香依旧。每当有异味物质接近时，香石会停止放香，或者是变味。经地质专家鉴定，香石香气的来源是由于岩石中包含的有机物所致。

香味是怎么形成的

地质工作者曾经在花草繁茂的深山中找到一些岩石，它们散发着不同程度的香气。经过红外光谱分析人们发现，在这些岩石中存在着一些有机物的成分。有机物多的香气就浓，少的

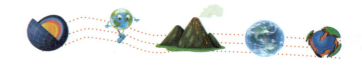

香气就淡了。

研究证实，香味是带有香料的物质，经过长期侵入岩石后产生的。这说明，香味的分布不仅与岩石周围花草的种类有关，而且还依赖于岩石对有机物的吸附能力。经过对一些岩石的检测发现，这种黄绿色的蛇纹石，具有较强的吸附香料物质的能力。所以一旦外界条件具备，它极有可能成为香石。但是吸附香气到底需要多长时间，目前尚不得而知。

香石的产地

香石产于陕西省汉中地区南郑县碑坝乡的深山密林之中，交通十分不便。该区所属的地质构造单元，为大巴山弧形褶皱带。发育有元古代、古生代、中生代至新生代的地层和各类酸性、基性和超基性岩浆岩。

香石是产在一个偏僻的山坡上，有3处岩石露头，周围皆被浓密的植被所覆盖。岩石类型主要为蛇纹石化大理岩，新鲜面上，大理岩为白色，黄绿色的蛇纹石呈透镜状、条带状和不规则状交替的大理岩。

由于裸露于地表，岩石普遍遭受风化作用，表层和裂隙发育处尤为强烈，基于铁离子的浸染，蛇纹石化大理岩不同程度地变为棕褐色。具有香味的岩石很不均匀地分布其中，主要集中于裂

隙发育处。

香石的特征

　　香石的香味浓度差异较大，有的很香，有的中等香味，有的微有香味，表明其所含的香料物质多少不一。香味随时间和气候有一定变化，有的样品很长时间都保持浓郁的香味，有的样品采时很香，过些天就不怎么香了。所有的样品均呈现出一种基本相同的香味，即似巧克力味。香石的密度经测定为2.43至2.53克／立方厘米。香石的硬度经测定，其显微硬度为108至134千克／平方毫米。换算成摩氏硬度为3.2至3.5。香石的折光率，经测定为1.54至1.55。

　　香石的香味组成，经红外光谱分析，在图谱上可见明显的有

机物杂环的峰值，表明香味是起因于岩石中附存的有机物成分。而有机物成分的具体种类，其确定方法比较复杂，有待今后的深入研究来解决。

香石是如何形成的

从理论上来分析，自然界形成的岩石是无机物，不可能有什么香味。如有香味只能是在岩石形成后，有机香料物质浸入而成，即次生成因。而有机香料物质的来源可能有两种途径：一是地下深处芳香类的油气；一是地表具有香味的花草树木。从当地的地质结构和现场观察来看，没有任何油气的显示，地下来源的可能性不大；而最大的可能是地表花草树木。

调查了当地的植被种类，带有香味的花草树木有兰香树、香

椿树、野刺花、兰花、樟树、桂花等，它们可能就是香石香味物质的来源。当这些花草树木腐烂分解时，其中的香料物质可能被地表水携带，沿着就近岩石的节理裂隙而进入岩石内部，日久天长，经过数千年数万年的点点积累而形成香石。

此外，岩石矿物本身的性质对形成香石也非常重要。有的岩石矿物具有吸附性，有的岩石矿物没有吸附性。显然，有吸附性的岩石矿物对形成香石最为有利。而蛇纹石恰好就是具有较强吸附性能的一种矿物，它可用来处理污水，吸附污水中的那些如铬、铅、铜等有害健康的重金属离子。同理，它对一些有机物分子同样可以吸附之。

如何保存香石的香味

根据经验，汉中香石的香味是会变化的，如不密封其香味由

于不断挥发会越来越淡。尤其放在空气流动干燥的地方则挥发得更快。因此平时应放在密封的袋中或瓶罐中保存,打开时即可闻到香味。据观察,香石的放香是不规律的。一个阶段可能不香了,而过一段时间又香了。这可能与季节、气温、气压、干湿度等因素有很大关系。

根据经验,若香石的香味变得不香时,可用清水洗之,然后放入密封袋中,过几个小时,又可重新放香。

> 香石总体来看,颜色越深越好,红褐色和红黑色最佳,棕褐色很好,黄褐色较好,黄绿色一般。颜色反映了受风化的程度,风化越强的岩石,颜色越深,其吸附的香料越多。

地球谜题的神秘面纱　地球秘密通报

奇妙的孕子石

吸引人的孕子石

在江苏省苏溧地区，有一座山常年山清水秀，清静幽雅。山中还有温泉，是人们休闲度假的好地方。苏溧距离市区不远，交通便利，所以每年游客络绎不绝。

当然，吸引人们的不仅仅是幽静的环境和温泉，还有一道绮丽的景观，那就是山上有块石头能怀孕生子。这块石头在一个很大的岩洞里，静静地躺在那里，毫无动人之处，颜色灰黄，像玄武岩一样坚硬，总的看来平凡得不能再平凡。

孕子石的来历

据说,有一天,一个青年人在这里歇脚的时候,偶然用铁锤敲了它一下,结果从岩石的下面滚出一些小岩石来。这些小岩石比乒乓球还小,而且颜色与大岩石一样。

这一意外的发现惊动了当地的旅游部门,他们组织专家对这一奇怪的现象进行调查。人们发现从岩石下面滚出来的小岩石的成分与大岩石完全相同,也就是说这些小岩石是从大岩石上掉下来的,好像人类的怀孕生子。于是,当地人都叫它"孕子石"。这种说法是出于大家对繁衍后代物品的一种敬畏。

孕子石的神奇

让人们感到奇怪的是,人们只有用铁锤敲打它,才能看到小岩石从大岩石中滚出来。换成其他各种锤子都不行,这更增加了它的神秘性。许多地质学者对这一现象进行了多次调查和研究,却总不能找到科学的解释方法。地质工作者说,这种石头怀子的现象,在我国岩石学上还是首次发现,历史上也无这种现象的记载。

当前,地质学家及有关专家、有关人员正对此做深入研究。这块石头的出现不禁让人感叹世间的离奇巧合。

不断生长的石头

东西方文化交流协会副会长刘向东说：他有一块会生长、吸光、变色的怪石。为解开怪石之谜，他先后走访6家权威检测机构，初步把石头定性为"软锰矿"，但专家至今无法解释该石头为何会自然生长。

该石头呈不透明黑色，外形犹如数座山峦相连在一起，部分外层脱落，脱落处长出珍珠状颗粒。石头呈椭圆形。

刘向东说，该石头有三种怪象：

一是密度小、比重大；

二是表面和横截面多处不断长出珍珠状颗粒，数年来石头不断生长，如1996年时重2150克，1999年时重2365克，2002年时重2480克，2005年时重2490克；

三是任何相机都不容易拍到石头本身的纯黑，从照片来看，石头的颜色或蓝或绿，有时甚至是五彩斑斓。有矿物专家推测："这可能是受地磁、节气、日照、温度、湿度等多方面因素引起的物理变化影响。"

刘向东说，这块怪石是一位80多岁的朋友送给他的，他的朋友也不知道石头从何而来，只知道是抗日战争时期，一群日本兵到他家中翻抢财物时，当时家里穷，没有什么东西，可穷凶极恶的日本人依然不罢休，直到翻出了这块石头，他们左看右看，研究了半天，可能感觉不是什么宝贝，才扔下石头，扬长而去。

刘向东说，他曾把石头送给北京奇石珍宝馆馆长杨传富鉴定，杨传富认为这块石头也是一种"孕子石"，但与江苏省苏溧地区的灰黄色、质地坚硬的"孕子石"不同。

为了搞清石头的秘密，刘向东还先后走访了广东省技术监督金银珠宝质量监督检测站，以及广州矿产资源监督检测中心等6家权威检测机构，但他们也没有找出该石头的奇异现象的原因。

刘向东自己也查阅了相关资料，但同样没有找到关于这类石头和此类现象的任何描述。看来，若想弄清这块神奇石头的真正秘密，还需要我们付出艰苦的努力。

软锰矿的成分叫二氧化锰，软锰矿非常软，还不及人的指甲硬。它的颜色为浅灰到黑，具有金属光泽。有趣的是有些软锰矿还呈现出一种树枝状附于岩石面上，人称假化石。

恐惧的杀人石

神秘的地方

在非洲马里境内,有一座耶名山。山上丛林莽莽,林中活跃着各种鸟兽,生机勃勃。然而,在耶名山的东麓却是死一般的沉寂,这是为什么呢?

事实上,耶名山是一个神秘莫测、令人闻之色变的地方。当地的土著居民对这个地方既恐惧、厌恶,又非常敬畏。1967年春天,耶名山发生强烈地震。东麓在震后显现出一种奇幻的景象,驻足远观,东边会出现淡淡的光晕,若在雷雨天,这光晕的颜色便会加深许多,绮丽多姿。

这奇异现象引起人们猜测,有人说那里藏着历代酋长无数珍宝,从黄金铸成的神像到用各种宝石雕琢的骷髅,应有尽有,神秘的光晕就是震后从地缝中透出来的珠光宝气。这个说法究竟是真是假,谁也不能证实。

传说越来越多,神乎其神,于是那里便变成了探宝人的圣地。奇怪的是许多野心勃勃的探险家在进入山间谷地之后就再也没有出来。自此,就再也没有人敢进去了。

实地考察

1986年8月,一支地质勘察队进入耶名山东麓,对其进行实地考察。8名考察队员一进入山麓心腹,便发现山野上卧着许多尸体。这些死人身躯扭曲,口眼歪斜,表情痛苦。

从尸体上看,这些人已经死去很长时间,但奇怪的是在这炎热的地方,尸体竟没有一具腐烂。

这些人可能是寻找珍宝的探险者,可是他们为什么会莫名其妙地死去呢?

巨大的疑惑与无形的恐惧在考察队员心中滋长。正在这时,一名队员在搜索中发现一条地缝间射出一道亮眼的光芒。难道真是传说中的珠宝吗?

考察队员在队长的带领下,动手挖掘。一个小时后,一块重约5吨的椭圆形巨石呈现在大家眼前。这块巨石半透明状,上半部微蓝,下半部泛着金黄,整块石头散发着炫目的光晕,亦真亦幻,实属难得一见的奇石。

探险队员们费了九牛二虎之力把巨石挪到土坑边上。这时,

队员们忽然发现自己四肢发麻，视线模糊，继而开始手脚抽搐，相继倒下。

队长因为在一旁指挥，没有亲手摸到奇石，只是感觉一阵眩晕。他不由地想起那些死因不明的尸体，浑身不禁一颤。为了救同伴，队长强拖着开始麻木的身体，摇摇晃晃地向山下走去，准备叫人救援。

刚走到山下，他便支持不住晕倒在路边。过路的人发现后把他送进了医院。经医生检查发现，他受到了某种物质的辐射，由于程度较轻并无大碍。有关部门立即派出救援队赶赴山上抢救其他7名探险队员，可是其他的队员就没那么幸运了，他们由于遭受了强烈的辐射，都未能保住性命。而那块使许多人丧命的"杀人石"，却从陡坡上滚下了无底深渊。

科学家推测

科学家们想解开巨石之谜，但因找不到实物而无法深入研

究，"巨石杀人"最终成为了一个悬案。

有人推测，马里耶名山上的奇石和印度尼西亚的矿石都有一个致命的武器——放射线。放射性元素能够自发地从不稳定的原子核内部放出粒子或射线，如α射线、β射线、γ射线等，同时释放出能量，其中的α射线实际上是氦元素的原子核，由于它质量大、电离能力强和高速的旋转运行，所以是造成对人体内照射危害的主要射线；β射线是负电荷的电子流；γ射线是类似于医疗透视用的X射线一样和波长很短的电磁波，由于它的穿透力很强，所以是造成人体外照射伤害的主要射线。β射线速度接近光速，α射线速度大约是光速的1/10，电离强度是α、β、γ中最强的，但穿透性最弱，只释放出α粒子的放射性同位素，在人体外部不构成危险。

然而，释放α粒子的物质如镭、铀等一旦被吸入或注入，那将是十分危险的。它能直接破坏内脏的细胞，使人死亡。而那块石头正是含有放射性元素的矿物质。它们美丽的外形和迷离的色彩使发现的人失去戒心，近距离地接近它，从而遭受到强烈辐射。但这些还只是一种推测，因为没有确凿的证据，所以石头杀人还是一个未解之谜。

石头杀人的神秘现象在印度尼西亚也出现过。一名男子在采矿过程中发现一块闪烁着奇异色彩的石头，眼睛却受到它强烈射线的辐射刺激，大受伤害。

神奇的三生石

浙江省西湖的三生石

浙江省杭州市西湖边上有一块三生石，这块三生石是一块形状奇特的巨石，在与飞来峰相连接的莲花峰东麓，是"西湖十六遗迹"之一。该石高约10米，宽2米多，峭拔玲珑。

石上刻有"三生石"三个碗口大小的篆书，及唐代圆泽和尚《三生石迹》的碑文，记述三生石之由来。石上多为唐、宋时期的题词石刻，大多已不可辨认。

山东省九仙山的三生石

山东省曲阜市九仙山上也有一块三生石，这块三生石位于曲阜城北20千米的九仙山上。传说此山乃掌管人间缘分的"缘池仙翁"的养道修行之圣地，历朝历代都设坛焚香敬奉，现存碑记可见。

1778年和1812年，曾多次投资复修"缘池仙洞"，直至新中国成立初期还有出家人管理。缘池仙洞东南数

千米，有一凌空屹立的巨石，有数米之高，上写"三生石"。

传说这里是缘池仙翁洞察人间男女，并安排有情人相遇的地方。后人由此把三生石当成姻缘的象征，认为它能够锁定前生、今生及来生的幸福姻缘。

三生石的质地

三生石是一种泥质石灰岩，有褐红、玄黄、土黄等几种颜色。其质地文理精腻，通体坚硬。

山体前面的三生石为褐红色，人们称它为三生石阳石，经打磨、抛光之后可现类似于木纹的图案或黑点图案；而山背面的石头多呈玄黄色或土黄色，被称为三生石阴石，阴石也有黑色天然画面装点。大块三生石经打磨后可构成高山流瀑、古木枯枝、飞禽走兽、风流人物等图案，清晰逼真，各得其妙，有水墨画的清高淡雅。

地球谜题的神秘面纱　地球秘密通报

　　三生石中含有朱砂、石英、方解石、辉锑矿、地开石、高岭石等成分，涵盖了40多种有益于人体的微量元素和矿物质以及人体所必需的钙、镁、锌、铬、锶、硒等20多种抗衰老元素；有奇异的能量场，作用于人体皮肤表明可产生极远红外辐射，其频带极宽，摩擦人体使人感到非常舒服。

　　此外，三生石在佩戴过程中 还能产生有益于身体健康的超声波脉冲，其性能甚至优于一般玉石。

三生石的神话传说

我国古代人认为,万物有灵,人既有属于物质的肉身,又有超离物质肉身的魂魄,即三魂七魄。凡人大限及至,魂魄离体,之后就会在地狱使者鬼差的带领下进入鬼门关,走过黄泉路,到了奈何桥,就会看到一块名叫"三生石"的石头。

在人们创造的神话传说中认为,每个人的前世今生,因果轮回,缘起缘灭的故事,都被重重地刻在了这块三生石上。因而它能映照出每个人前世今生的模样。

这块名叫三生石的石头,千百年来一直伫立在奈何桥边,张望着地狱中那些准备喝下孟婆汤,然后轮回投胎的人们。它在无言之中见证了无数人的苦与乐,看惯了多少人的悲与喜,听过了多少人的笑与啼。可以说,它是无数世俗之人的生死见证,是一个大智若愚的智慧化身。

三生石的传说如此美妙,但究其本质也属虚幻之说。从哲学的角度来看,关于三生石的传说,其实是反映了中国人对于生命永恒和真性不朽的看法。

而正是透过这种轮回与转世的观念,中国人建立了深刻的伦理、生命,乃至于宇宙永恒发展变化的理念。

三生石一直是我国极有名的石头,后来发展成中国人对前生与来世的某种精神寄托。不但许多朋友以三生石作为肝胆相照的依据,更多的情侣则在三生石上写下他们的誓言。

会呼吸的奇风洞

奇风洞在什么地方

奇风洞位于云南省昆明市石林西北5000米处,在北大村与水塘铺交界点,马鞍山东侧的一片石林奇峰间。石林风景区是我国岩溶地貌,也称喀斯特地貌比较集中的地区,石林面积达400平方千米。

景区由大小石林、乃古石林、大叠水、长湖、月湖、芝云洞、奇风洞7个风景片区组成。

其中石林的像生石数量多,景观价值高,举世罕见。

石林奇峰造型迥异，各具特色：有的像撒尼人火把节时点燃的火把；有的像冰清玉洁的雪莲；有的像鲜嫩可爱的蘑菇，甚是壮观。

奇风洞是石林的著名景区之一。在石峰下的庄稼地里，有一个直径1米宽的小洞。这个毫不起眼的小洞，就是奇风洞。

奇风洞是石林风景区众多溶洞中最为奇特的一个，洞旁有一巨石突兀独立，像一个护卫奇风洞的卫士。

奇风洞不以钟乳石的怪异出名，而是因其会像人一样呼吸而引起人们注目，所以，也称为"会呼吸的洞"。

奇风洞奇怪的现象

每年雨季，大地吸收了大量的雨水，干涸的小河再次响起淙淙的流水声时，奇风洞也开始吹风吸风，发出"呼——扑"、"呼——扑"的喘息声，像一头疲倦的老牛在喘粗气。

要是有人故意用泥巴封住洞口，它也毫不费力地把泥巴吹开，照样自由自在地呼吸。

奇风洞吹风时，安静的大地会突然间尘土飞扬，并伴有"哗哗"的流水之声，似乎洞中随时都可能涌出洪水巨流。定眼窥视，却不见一滴水。

风量大时，使人有置身于狂风之中，有暴雨即将来临之感。有人就地扯些干草柴枝，放在洞前点燃。只见洞中吹出的风，把火苗浓烟吹得漫天而飞，足有两三米高。持续两分钟后火势渐弱。暂停了10多分钟后，洞口火苗浓烟突然吸进洞中。

这样一吹一吸，循环往复，像一个高明的魔术师在玩七窍喷

火的把戏。

奇风洞的另一奇观

虹吸泉位于奇风洞景区最低点，它又是自然的另一奇观。清澈透明的地下河水，从洞口汨汨而出后，注入了一个落水洞。

随着河水流淌，洞中的水位也逐渐上升，约升高到1米至2米时，水位突然下降，并伴有雷鸣般的排水声。

三四分钟后一切恢复原状，接着水位又逐渐上升。循环往复，约每二三十分钟重复一次。

奇风洞是如何形成的

奇风洞的这些奇观是怎样形成的呢？

原来，奇风洞所在的地区为一种石灰岩岩溶地貌。在奇风洞之东约100余米处，有一条山沟，沟内有一个石灰岩受溶蚀形成的落水井。

山上有一股清泉长年从上游缓缓流入井中，并从井底的裂隙中又流入地下暗河。

当泉水的水量充沛时，因井底裂隙的排水能力有限，水井中的水便逐渐上涨。

由于此落水井的井壁上有裂隙，而且向上拱曲之后再缓缓落入地下暗河，奇风洞的洞隙向下倾斜与此裂隙相通。因此，当落水井的泉水上升到一定程度，即水流入井壁的裂隙，水位达到裂隙的拱曲最高点时，便产生虹吸现象。

也就是说水沿着井壁裂隙通道流到暗河。与此同时，急速的水流发出了"哗哗"的响声；郁积在弯道中的空气受到流水推

压，从奇风洞喷出。

当落水井的水因被大量抽走而急剧下降至井壁裂缝时，空气便重新进入弯道产生回风。

总之，奇风洞的现象是一种虹吸现象。

事实上，奇风洞、虹吸泉和暗河是相互作用的，如果山脚小溪中没有流水，奇风洞就不会呼吸，反之，若小溪流量太大，淹过暗河，奇风洞也不会呼吸。

因此，奇风洞的呼吸现象并不是一年四季都有的现象，而是只有夏秋季节的雨季才能看到的奇观。

岩溶地貌，是具有溶蚀力的水对可溶性岩石进行溶蚀等作用所形成的地表和地下形态的总称，又称喀斯特地貌。除溶蚀作用以外，还包括流水的冲蚀、潜蚀以及坍陷等机械侵蚀过程。

可怕的谜题

从远古开始,地球上的灾害就与人类相伴相生,地震、火山及其他地质灾害一直威胁着人类,不仅如此,还有一些神秘的、未知的灾难也与人类如影相随,这些灾害的发生和消失都万分诡异,人类至今也尚未破解这些难题。

神秘的百慕大三角

恐怖的海域

百慕大三角是世界闻名的神秘海域，它地处北美佛罗里达半岛东南部。具体是指由百慕大群岛、迈阿密（美国）和圣胡安（波多黎各）三点连线形成的一个三角地带。几百年来，这里频繁出现离奇的海难事故和其他一些神奇的事件。人们把这个恐怖的海域称为"魔鬼三角"或"死亡三角"。

轮船的灾难地

1963年2月2日，美国"玛林·凯恩号"油船例行出航。这艘船上装配着现代化的导航仪器及先进的通讯设备。

在出航的第二天，船上的船员还向海港报告说："油船已

正常地航行到北纬26度、西经73度的海面上。"然而谁也想不到,这却是"玛林·凯恩号"油船发出的最后一份报告。此后,这艘油船竟无声无息地失踪了,好像掉进了深洞里。事后派船去搜寻,海面上就连一滴油也未见到。

海底金字塔

1979年,美、法科学家有了新的发现:在这个海区发现了一座金字塔,它高200米,底边长300米,塔尖与海面相距100米。塔身有两个巨洞,水流汹涌而过。

有些科学家说,建造金字塔的原料可能是含铁的巨石。由于海浪冲击及地球磁场的长期作用,金字塔被不断磁化,成了一块巨大的永久磁铁。当轮船经过这个海区时,仪表失常,而且可能会被吸入海底。

飞机的坟场

令人恐惧的是飞机在这个海区上空飞行时,也常常遭到莫名其妙的飞来横祸。在这里失事的飞机,有的直至最后几分钟,还同机场保持着正常的联系,它们几乎是在一瞬间消失的。有的飞机则在失事前发出了奇怪的报告:例如,仪表突然失灵、天空发黄、晴天起雾、海上变得异常等。

可是谁也没来得及提供更详细具体的情况，就杳无踪迹。有人统计，从1840年至现在，飞机在百慕大三角区神秘失踪的事件达100余起。

中尺度旋涡

20世纪70年代以来，人们利用先进技术对百慕大三角区进行一系列大规模调查。发现该海域有许多旋涡，其半径20千米至40千米。旋涡方向有顺时针，有逆时针；中心温度有冷有暖，中心海面有低有高。旋转速度从每秒几厘米至几十厘米，它们时隐时现，出没无常，寿命可达几个月。

这就是所谓的"中尺度旋涡"。当海洋中出现顺时针方向旋转的中尺度旋涡时，海水将从四周向中心辐聚。使旋涡中心海面高于四周，形成高出海面几百米的巨大的移动性"水山"。这种突如其来的巨大水山，能吞噬所有航船。当海洋中出现逆时针方向旋转的中尺度旋涡时，海水将向四周辐射。使旋涡中心海面低

于四周，形成一个巨大的凹面镜，将光线反射在主轴焦点上。

一个半径为500千米的凹面镜，当太阳光入射角为60度至70度时，其聚光点直径在1米左右，焦点处的温度可达几万度。不难设想，飞机一旦进入焦点附近上空，顷刻之间就会被烧成灰烬。凹面镜聚光需要光源，光源越强，聚光效果越好，焦点温度也越高。这就是为什么飞机失踪常发生在万里晴空、海平如镜、风力不大的时候，因为这些正是凹面镜反光、聚焦的良好条件。

中国魔鬼三角

在南海有片神秘莫测、令世人恐惧的海域。这片海域西起香港，东至台湾，南至菲律宾吕宋岛，面积约10万平方千米。

自1979年以来，不断出现航船失踪事件。令人百思不解的是，这些航船失踪后，竟未发现任何碎片、油迹或尸体。人们惊奇地发现，这片海域的位置，恰好与举世闻名的大西洋百慕大魔鬼三角的位置遥遥相对。于是，我国南海"魔鬼三角"的称谓不胫而走。

近年来，随着海洋物理学的发展，科学家们在大洋中发现了中尺度旋涡。南海岛屿众多，沿岸流、南海暖流、南海环流以及黑潮的汇聚，都为旋涡的形成提供了条件。

百慕大三角又称魔鬼三角或丧命地狱，有时又称百慕大三角洲。但此区域并不是三角洲地形，据称经常发生超自然现象及违反物理定律的事件，面积约390万平方千米。

最大的水库与瀑布

最大的水库

塔里木盆地是我国第一大盆地。南有高耸的青藏高原,西有帕米尔高原,北有天山山脉。夏季风很难到达封闭的盆地,这里极度干旱,平均年降水量不足50毫米。

然而,奇迹出现了。塔里木盆地的地下,居然有巨大的天然水库。仅盆地西部的地下水库,每年就可提供60亿立方米的优质水,相当于黄河1/8的流量。

这个发现对盆地石油开发来说,无疑是一个大喜讯。

巨大水库的形成

塔里木盆地的巨大水库是如何形成的？

地下水主要是大气降水下渗积聚形成的。这就是说，从塔里木地区丰富的地下水可以推论，这里曾经有过一段气候湿润、降水丰富的时期。

据考察，塔里木地区地下水库是在漫长的地质时期里形成的。在30万年前，塔里木和柴达木盆地都是一片海洋。后来这里的地壳被抬升成为陆地，但还是个降水比较丰富、草原和沼泽密布的湿润地带。

塔里木地区在数万年的潮湿期里积聚了大量地下水。

尼亚加拉瀑布

构成了部分加拿大与美国的边境线，将纽约州与加拿大的安大略省分开的尼亚加拉河，从伊利湖向北流向安大略湖，全长将

近48千米。这条河被草莓岛和格兰德岛劈开分成3段,头8000米只有一条河道。在格兰德岛后两个河道又合并到一起,再流过4800米就到了举世闻名的尼亚加拉瀑布。

尼亚加拉瀑布本身也被哥特岛分成两个部分。马蹄形瀑布高度接近48米,顶部宽度将近1000米。这个瀑布有700米宽度的部分在加拿大境内,而另外300米位于美国一侧。

大瀑布的成因

大瀑布的形成在于不寻常的地质构造。

在尼亚加拉峡谷中,岩石层是接近水平面的,每英里仅下降6米至7米。非常坚硬的尼亚加拉大理石构成了岩石的顶层。松软的地质层很容易被水力所侵蚀,它位于岩石层之下。

　　激流之所以从瀑布顶部的悬崖边缘笔直地飞泻而下，正是由于松软地层上的那层坚硬的大理石地质所起的作用。

　　更新世时期，当巨大的大陆冰川后撤，大理石层暴露出来，被从伊里湖流来的洪流淹没，就形成了如今的尼亚加拉大瀑布。通过推算冰川后撤的速度，瀑布至少在7000年前就形成了，最早则有可能在25000年前形成。

　　在地质时期，形成沙漠化过程的地质背景是第四纪新构造运动。新构造运动使得青藏地块大幅度隆起，由此大范围地改变了青藏高原本身的气候特点和塔里木盆地的大气环流格局。

神农架鬼市之谜

史料记载

"鬼市"又叫山市、山中蜃景。清代的《兴山县志》对神农架的鬼市有生动的记载：

神农山为房县、兴山县、巴东县界山，一名神农架。高寨，为三邑最幽深险阻，多猛兽，产白药。1884年3月，兴山县远望神农积雪，询之，土人云：山上常8月雨雪，至明年6月始清；又常6月飞霜。久雨初霁，峰峦隐现，有如城郭村落，相传为山市；每岁元宵、中秋夜、除夕，时闻爆竹鼓角声；又常见大人迹。

在这段话里，"神农山"即神农架的最高峰，海拔3105.4米的神农顶峰；"大人迹"即传说中的野人的巨大足迹。《兴山县志》中描述的诡谲奇异的山市，甚至在神农顶"时闻爆竹鼓角声"，则给后世人留下了不解之谜。

何谓山市呢

《辞海》、《辞源》中都未收录其名。在《汉语大词典》中，"山市"被诠释为"山中蜃景"，未予以详细说明；不过，在清代蒲松龄的《聊斋志异·山市》中，却有这样的记载：

> 奂山山市，邑人景之地也。数年恒不一见。孙公子禹年，与同人饮楼上，忽见山头上孤塔耸起，高插青冥。相顾惊疑，念近中无此禅院。无何，见宫殿数十所，碧瓦飞甍，始悟为山市……又闻有早行者，见山上人烟市肆，与世无别，故又名鬼市。

可见，古人早已目睹过神农架鬼市的神采。自20世纪70年代以来，神农架以它扑朔迷离的野人、奇幻神秘的怪光蜚声海内外。成群结队的游客带着美丽的幻想踏进这片奇异的土地，更多的人们有幸目睹神农架鬼市的奇观。

鬼市究竟是怎样形成的呢

神农架地处中纬度北亚热带季风区，受大气环流控制，气温偏凉并且多雨，并随海拔的升高逐渐形成低山、中山、亚高山三

个气候带，立体气候十分明显。

"山脚盛夏山顶春，山麓艳秋山顶冰，赤橙黄绿看不够，春夏秋冬最难分"是林区气候的真实写照。

独特的地理环境和立体小气候，使神农架成为我国南北植物种类的过度区域和众多动物繁衍生息的交叉地带。

这里拥有当今世界北半球中纬度内陆地区唯一保存完好的亚热带森林生态系统。境内森林覆盖率88%，保护区内达96%。

神农有许多神奇的地质奇观。例如，在红花乡境内有一条潮水河，河水一日三涌，早中晚各涨潮一次，每次持续半小时。涨潮时，水色因季节而不同，干旱之季，水色混浊，梅雨之季，水色碧青。

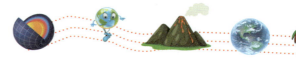

　　宋洛乡里有一处水洞，只要洞外自然温度在28度以上时，洞内就开始结冰，山缝里的水沿洞壁渗出形成晶莹的冰帘，向下延伸可达10余米，滴在洞底的水则结成冰柱，形态多样，顶端一般呈蘑菇状，而且为空心。进入深秋时节，冰就开始融化，到了冬季，洞内温度就要高于洞外温度。

　　正如红花乡、宋洛乡的奇观一样，鬼市既不是所谓蛟龙、大蛤蜊之类的怪物喷云吐气而形成的，更不是什么妖魔鬼怪故意制造的，而是一种奇特罕见的光学现象，它是大自然的杰作。

　　当自然界的光线通过不同密度的空气层发生折射时，在空中或地面上便会显示出周围的景物。这样，人站在远处，便能看到各种奇异的幻景。

此外，科学家们还按照不同影像的形态，将蜃景分为上现蜃景，即正像、下现蜃景，即倒像、侧像蜃景，即斜像等多种；又根据海拔高低或地域的不同，将蜃景分为山市即鬼市、海市即海市蜃楼等。

值得一提的是，海市多发生在海洋、海滨或沙漠之上，而山市则见于高山，尤其是在名山之上，它比海市更复杂并且变化多端。在高耸云天的峭壁或者峰峦绵延的山顶上，人影幢幢，喧声鼎腾，来去无踪的山市让人疑神疑鬼，所以在民间人们称山市为鬼市。

根据对现有资料的分析，科学家指出：神农架是我国从古至今发现鬼市的海拔最高区，也是鬼市的多发区。

为什么大自然独独偏爱神农架，将那么多罕见的自然景观都赋予了它？

当我们自然而然地将鬼市与神农架的野人、"麒麟"、怪光以及奇洞异穴联系起来，我们便会越发被它无穷的魅力所吸引。

只是，按照物理学原理，蜃景应当有形无声。然而，神农架

的鬼市奇就奇在让人有"时间爆竹鼓角声"的听闻。

宋代政治家、文学家欧阳修也曾亲耳听到过蜃景中传来的"车马人畜之声",这又是怎么回事呢?对这种有声的蜃景,什么时候才能解释清楚?我们期待早日能够解开这一自然之谜。

古代人都传说是蛟龙、大蛤蜊之类的怪物喷云吐雾形成了"鬼市蜃景",可现代科学相信这是一种光学原理,是光线在不同空气层发生折射,投射到了空中或地面的景物里发生的特殊景象。

地下森林的奥秘

地下森林的位置

地下森林又称"火山口原始森林",和镜泊湖区1200多平方千米的面积,共同列为国家级自然保护区,位于黑龙江省牡丹江市境内,镜泊湖西北约50千米处,坐落在张广才岭东南坡的深山内,海拔1000米左右。

地下森林的资源概况

地下森林中蕴藏着丰富的植物资源,有红松、黄花落叶松、紫椴、水曲柳、黄菠萝等名贵木材;有人参、黄芪、三七、五味子等名贵药材;有木耳、榛蘑、蕨菜等名贵山珍。地下森林也有着丰富的动物资源。据科学家考察得知,这里不仅有小动物出没,而且有马鹿、野猪、黑熊等大动物出没,甚至还有世所罕见的国家保护动物青羊出没,堪称"地下动物园"。

一路拾阶而上,路旁长满了各类珍稀的树林植物,红松、白松、黄花柳、鱼鳞松、落叶松,还有名贵的紫椴、黄菠萝、水曲柳、胡桃楸等。这些树木的生长全部在百年以上,多则五六百年,树一般的都有40多米高,最高的达100米,火山口的木材蓄积量很大,相当的珍贵。

科学家的解释

沿着山路上行,登上火山顶时,眼前会突然出现一个个硕

大的火山口。这些火山口由东北向西南分布，在长40000米、宽5000米的狭长形地带上，共有10个。它们的直径在400米至550米之间，深在100米至200米之间。其中以3号火山口为最大，直径达550米，深达200米。据科学家考察得知，经千万年沧桑变化，大约10000年前的火山爆发，形成了低陷的奇特罕见的"地下森林"，故称"火山口原始森林"。

> 火山口的内壁岩石，经过长期风化剥蚀，早与火山灰等物质一起变为肥沃的土壤。而衔着各种植物种子飞越火山口的群鸟，则成为天然播种者。如此天长地久，火山口的内壁上，终于长满了树。

幸存者再现之谜

"泰坦尼克号"事件

"泰坦尼克号"是当时世界最大、最豪华的客轮,遗憾的是1912年4月15日,在它的第一次航行中就因触撞冰山而沉没了。

我们暂且不去追究它沉没的原因和经过,我们只要知道,"泰坦尼克号"沉没大海已成为铁的事实,船上的2201人中除了被救活的711人之外,其余的全都随着船而葬身大海。

幸存者再现

100多年过去了,正当人们对这场旷世罕见的海难渐渐淡忘的时候,报纸却又报道出了惊煞世人的新闻。

首先是美国的《太阳报》于1993年8月上旬,公开刊出一则

"史密斯船长再现两周年秘闻"的消息。接着,大报小报争相对失踪者神秘出现的异象奇闻做了大量报道。

报道说,1990年和1991年,分别在大西洋的冰岛附近,发现并救起了"泰坦尼克号"沉船时失踪的两名幸存者。其中一名是名叫文妮·考特的女乘客,另一名则是"泰坦尼克号"游轮上的船长史密斯先生,虽然那次曾轰动世界的海难事件距今已有100多年,但这两位百岁以上的老人没有衰老的迹象,健康状况良好。

幸存者发现过程

1990年9月24日,"福斯哈根号"拖网船正在北大西洋上航行,在离冰岛西南约360千米时,船长卡乐·乔根哈斯突然发现附近一座反射着阳光的冰山上有一个人影,他立即举起望远镜对准人影,发现冰山上有一位妇女用手势向"福斯哈根号"发出求救信号。

当乔根哈斯和水手们将这位穿着本世纪初的英式服装、全身湿透的妇女救上船,并问她因何落海漂泊到冰山上等问题时,她

竟然回答是:"我是'泰坦尼克号'上的一名乘客,叫文妮·考特,今年29岁。刚才船沉没时,被一阵巨浪推到了冰山上,幸亏你们的船赶到救了我。"

"福斯哈根号"上的所有船员都被她的回答弄糊涂了,这究竟是怎么一回事,难道她是因为发高烧而导致神经错乱,在说胡话吗?

考特太太被送往医院检查时,发现她除了在精神上因落难而痛苦外,健康状况均良好,丝毫没有神经错乱的迹象。血液和头发化验也表明她确系30岁左右的年轻人。

这就出现了一个惊人的疑问,难道她从1912年失踪至现在,已经有100多年时间过去,竟会没有一点衰老的迹象?

1991年8月9日,欧洲的一个海洋科学考察小组用一艘海军搜索船正在冰岛西南387千米的地方考察时,意外地发现并救起了一名60岁的男子,他自我介绍是"泰坦尼克号"的船长。这次事

件再次引起了人们的惊疑。

科学家的困惑

这两人在失踪了100年后再现，已经很令人惊异了。但是这么长的时间里，他们竟然没有一点变化，这就更难以让人相信了。难道他们真的进入了相对于地球时间静止的"时空隧道"了吗？

于是，数年来，热衷于"神秘再现"探索的学者们，对凡涉及失踪后又再现的事件进行了深程度的挖掘，对目前搜集到的信息进行了分析，并从物理性质、光学现象、时序体系和空间原理等方面作出解释，但还没有一位学者能够跳出"时空隧道"的困惑。

> 1912年4月15日凌晨，"泰坦尼克号"在驶往北美洲的处女航中不幸撞到冰山，很快沉没在冰冷的北大西洋中，致使近2000名乘客和船员葬身鱼腹。这次沉船事件，震惊了世界。

恐龙木乃伊现身

发现恐龙木乃伊

美国古生物学家在蒙大拿州一座山上,成功挖掘出了一具有史以来最完美的木乃伊恐龙。

和以前发掘的众多恐龙化石不同,该具木乃伊恐龙的化石骨骼上面,完整地覆盖着各种软组织,医学上指肌肉、韧带等。包括皮肤、鳞片、肌肉、脚趾,甚至连恐龙死前的最后一顿晚餐,都完好无损地保存在胃里。

恐龙研究由此大飞跃

科学家们给该具嘴巴形似鸭嘴龙的木乃伊恐龙,起了个绰号叫"莱昂纳多"。莱昂纳多死时已经三四岁,接近于成年恐龙。

这具生活在7700万年前的恐龙木乃伊的发现,给考古学家们带来了意外而巨大的惊喜。

美国蒙大拿州菲利普斯博物馆古生物馆长耐特·莫菲道:"对古生物学家来说,如果能发现一个史前动物的完整标本,那种幸运不亚于赢得一笔巨额六合彩。发现这样一个完整的恐龙木乃伊，对古生物研究领域来说，无异于从马车时代转化到了蒸汽机车时代，这在恐龙研究史上必将带来一次巨大的飞跃。"

它看上去就像在沉睡

科学家认为，"莱昂纳多"死时，已经长成了7米长的青年恐龙，体重在1.5吨至2吨之间。当考古学家们发现它时，它的身上完整地覆盖着各种软组织，包括皮肤、鳞片、肌肉、脚趾等，甚至连死前最后一顿晚餐都完好无损地保存在胃里。

而在此前所有的恐龙化石发掘中，能够发现恐龙鳞片和部分软组织的几率不到千分之一。尤其是它的皮肤，尽管时光已过去了7700万年，"莱昂纳多"的皮肤看上去仍旧完好无损。它看上去就像仍然在沉睡。

胃中有叶余种及史前花粉

"莱昂纳多"最后的晚餐内容可真是丰富，科学家们从它的胃中发现了大量的蕨类食物：一些针叶树的叶子、一些古玉兰类的植物，此外科学家们还在它胃中发现了至少40多种早已灭绝的史前植物的花粉。

恐龙如何成了木乃伊

考古专家对于木乃伊恐龙的形成过程存在着不同的看法：一部分专家认为"莱昂纳多"在变成化石之前，全身已经先被风干成为天然的标本，从而避免了尸体腐化过程。

然而朱迪思河恐龙研究协会和美国菲利普斯博物馆的专家却不这么认为。

他们声称："我们认为"莱昂纳多"7700万年前被埋在了潮湿的河沙底下，

是当时特殊的地理环境和水分中的化学物质，避免了"莱昂纳多"尸体的腐烂，直至它随着时光流逝变成完美的木乃伊化石。恐龙胃中的植物花粉，也证明了当时尸体周围的环境并不干燥。"

恐龙种类多，体形和习性相差也大。其中个子大的，可以有几十头大象加起来那么大；小的，却跟一只鸡差不多。就食性来说，恐龙有温驯的素食者、光吃植物的恐龙和凶暴的肉食者。

神秘的鬼城

发现鬼城

大千世界，无奇不有。在非洲西部有一座被人们称为"鬼城"的地方，以其特有的鬼气，吸引了大批考古学家。鬼城的发现是偶然的。

1975年，刚刚毕业于考古学专业的罗德力克·麦金托斯，在非洲西部的马里共和国的金纳城，听说在离金纳城3000米左右的地方，有一座荒无人烟的鬼城。

当地人说这座鬼城是古代金纳人的居住地，后来不知是什么原因，城里的人都神秘地失踪了。信奉鬼怪的金纳人认为，是魔鬼带走了他们。所以附近的居民从来不议论这座城池，更不敢轻易地踏进这块土地。

科学相关考察

1977年1月30日,在马里共和国的支持下,罗德力克·麦金托斯和一些考古学家进驻鬼城,开始了对鬼城的考察。

从已发现的房屋、地基、围墙的遗址中,可以看出当年有数千人曾在这里居住。但从挖掘出的各种器具上,看不出这里住的是什么人,在这里住了多少年。

随着挖掘工作的一天天深入,呈现在人们面前的东西越来越多:谷壳、动物的骨头、不完整的陶器、陶俑等。所有证据都表明了,这座古城在当时那个时代具有相当大的规模,相当高的文明程度。

放弃这样一座古城确实有些遗憾。考古学家通过对这些文物的测定,确认这座古城建造于公元前400年,大约在1300年前后被城里的人放弃。

科学家的困惑

学术界始终认为,9世纪北非阿拉伯人进入撒哈拉沙漠并开始进行贸易后,都市化的概念才传到西非。按这一时间表推算,所有西非地区的古城,应该最早不能超过13世纪。

然而,这座古城的出土不仅震惊了学术界,更把西非文明诞生的时间大大地向前推进了。至于这座古城到底是何人兴建,城内的人都从事什么行业,他们靠使用什么工具,把这里建筑得规模如此巨大,这些都是令考古学家迷惑不解的问题。

为了尽快找到答案,1981年,罗德力克·麦金托斯再一次带领考古学家,对古城进行了第二次挖掘。

首先,发现了一个与现代金纳人家庭结构比较相似的古金纳人家庭的旧址。随后,又发现了一些铁制品和石制的手镯,以及金制的耳环、鱼钩、铁叉、铁刀和陶器。

这时,考古学家对古城又作出新的判断,他们认为古城连同周围的小城人口最多时,差不多达到20000人。他们中有从事铁器、陶器、金器制造业的,有从事贸易的。

但是，令考古学家们困惑的是：是由什么人来组织贸易的呢？这个问题至关重要。如果知道是什么人，那么就能推断出是谁先到的北非，教古金纳人盖城堡，然后又神秘地令古金纳人消失的。

考古界先后否定了罗马人、埃及人和拜占庭人，这就等于否定了地球上的人类。于是有人提出也许真有天外来客在这里居住。附近的人叫这里鬼城，可能与这些人出现的方式有关。

> 我国丰都"鬼城"，景点独特，内涵丰富，冠绝宇内。有全国重点风景名胜区，长江三峡景区名胜古迹名山，有国内最大的鬼神动态人文景观鬼国神宫等。

怒吼的喀拉喀托火山

1883年的火山爆发

喀拉喀托火山在1883年的大爆发，震动了世界。其强大的爆炸力，相当于投掷在日本广岛的原子弹的100万倍。爆发产生的轰鸣声，远在3000千米以外的澳大利亚都能听到。

这次大爆炸使原喀拉喀托火山在水上的45平方千米土地，约有2/3陷落到了水下。这次爆发引起了强烈的地震和海啸，激起的狂浪高达20米至40米，超过10层楼高。致使海水侵入到爪哇和苏门答腊岛内地，摧毁了295个村镇，夺去了约50000人的生命。

地震和海啸引起的狂浪冲出海峡，冲毁了印度加尔各答和澳

大利亚帕斯等大海港，甚至冲到了南非好望角等地以及西欧海岸。据说狂浪从喀拉喀托冲出，到达西欧海岸时，全程只用了32小时，在此期间，汹涌的狂浪共沉没了各种船舰约6500艘。这次大爆发历时99天。在火山爆发期间，其喷发物散落到半径约为237千米的范围内，在喀拉喀托周围74千米至93千米距离内的岛屿，均遭到了灼热喷发物的侵袭。有人形容这次大爆发是"声震一万里，灰撒三大洋"。

喀拉喀托火山状况

喀拉喀托火山位于沿着印度、澳大利亚板块和欧亚大陆板块的会合处，即一条频繁的火山和地震活动带。在过去百万年以内的某个时候，这座火山是一座由火山岩流构成的圆锥形山体，火山锥从其底部在海平面以下300米耸起，突出于海面之上约1800米。

416年，山体顶部遭毁，形成直径约6000米的火山口或碗形凹地。火山口的一部分突出水面形成4座小岛，分别是位于西北的塞尔通岛、东北的朗岛和波利什哈特岛、南面的拉卡塔岛。多年以后，又形成3个新火山锥，并逐渐合成一座岛。这3个火山锥中最高的上升到海平面813米。

1930年8月，喀拉喀托之子终于成为永久岛屿，自那以后一直是火山学家研究火山岛形成的对象。自1950年开始，该火山岛处于以每星期约0.13米的速率持续增高中。

猛烈爆发的埃特纳火山

爆发频繁的埃特纳火山

据文献记载,埃特纳火山已有500多次爆发历史,被称为世界上喷发次数最多的火山。它第一次已知的爆发是在公元前475年,距今已有2400多年的历史。最猛烈的爆发则是在1669年,持续了4个月之久。

18世纪以来,火山爆发更加频繁。本世纪已喷发10余次。1950年至1951年间,火山连续喷射了372天,喷出熔岩100万立方米,又摧毁了附近几座城镇。

  1979年起，埃特纳火山的喷发活动持续了3年。其中1981年3月17日的喷发，是近几十年来最猛烈的一次。从海拔2500米的东北部火山口，喷出的熔岩夹杂着岩块、沙石、火山灰等，以每小时约1000米的速度向下倾泻，掩埋了数十公顷的树林和众多葡萄园，数百间房屋被摧毁。

  2007年9月4日，位于意大利南端西西里岛的著名火山埃特纳火山再次爆发，炽热的岩浆和浓黑的烟雾在夜晚非常耀眼。而山脚下就是当地的居民区和旅游景点。

  2011年5月12日，在意大利西西里岛东岸的埃特纳火山又一次喷发了。

  在喷发活动最剧烈的时间段内，距离火山数千米外的村镇，都能感受到房屋门窗的晃动。埃特纳火山锅型火山口内岩浆夹杂着火山灰冲天而起，引发的巨响在邻近的一些村镇也清晰可闻。

  与此同时，四处弥漫的火山灰，则飘落到了邻近的诸多区域。埃特纳火山所在的卡塔尼亚市的机场，就因为火山灰飘落到跑道上面而临时关闭。

埃特纳火山情况

埃特纳火山是欧洲最高的活火山。位于意大利的西西里岛东岸，南距卡塔尼亚29千米。其周长约160千米，喷发物质覆盖面积达1165平方千米。主要喷火口海拔达3323米，直径达500米；常年积雪。

其周围有200多个较小的火山锥，在剧烈活动期间，常流出大量熔岩。海拔1300米以上有林带与灌丛，500米以下栽有葡萄和柑橘等果树。山麓堆积有火山灰与熔岩，有集约化的农业。

埃特纳火山位于地中海火山带，是亚欧板块与印度洋板块交界处。火山周围是西西里岛人口最稠密的地区。地质构造下层为古老的砂岩和石灰岩，上层为海成泥炭岩和黏土。

埃特纳火山下部是一个巨大的盾形火山，上部为300米高的火山渣锥，说明在其活动历史上喷发方式发生了变化。由于埃特纳火山处在几组断裂的交汇部位，一直活动频繁，是有史记载以来喷发历史最为

悠久的火山。

近年来埃特纳火山一直处于活动状态，距火山几千米远，就能看到火山上不断喷出的气体呈黄色和白色的烟雾状，并伴有蒸汽喷发的爆炸声。

埃特纳火山的价值

埃特纳火山虽然给当地人民的生命财产造成了巨大威胁，但居民们仍然不愿离开故土。这是为什么呢？

这里面固然有故土难离的原因，但其深层的因素是火山虽然可怕，可其喷吐出来的火山灰铺积而成的肥沃土壤，却为农业生产提供了极为有利的条件。在当地海拔900米以下的地区，多已被垦殖，广布着葡萄园、橄榄林、柑橘种植园和栽培樱桃、苹果、榛树的果园。由当地出产的葡萄酿成的葡萄酒远近闻名，使

该地区成为人口稠密、经济兴旺的地区。

而在埃特纳火山海拔900米至1980米的地区为森林带，有栗树、山毛榉、栎树、松树、桦树等，也为当地提供了大量的木材。海拔1980米以上的地区，则遍布着火山堆积物，只有稀疏的灌木。山顶还常有积雪。由于埃特纳火山是活火山，就是在停止喷发的休止期间，内部也处在持续的沸腾状态，火山口则始终冒着浓烟，因此，每次火山爆发时，来自欧洲各国乃至世界各地的游客，难以计数。

活火山的喷射奇景加上积雪的山峰、山坡的林带和山麓的果园、葡萄园和橘子林，给当地的旅游业增添了活力，使其从事旅

游业的劳动力达到30万人。

为了便于游览,当地于20世纪60年代就在火山上建立起盘山公路和缆车,其中长4000米左右的缆车终点距主要火山口很近,能够极大地满足游客的需要。

正在喷发和预期可能再次喷发的火山,称为活火山。那些最后一次喷发距今已很久远,并被证明在可预见的将来不会发生喷发的火山,称为熄灭的火山或死火山。

图书在版编目（CIP）数据

地球谜题的神秘面纱：地球秘密通报 / 韩德复编著
. -- 北京：现代出版社，2014.5
ISBN 978-7-5143-2646-8

Ⅰ. ①地… Ⅱ. ①韩… Ⅲ. ①地球－普及读物 Ⅳ.
①P183-49

中国版本图书馆CIP数据核字（2014）第072345号

地球谜题的神秘面纱：地球秘密通报

作　　者：	韩德复
责任编辑：	王敬一
出版发行：	现代出版社
通讯地址：	北京市定安门外安华里504号
邮政编码：	100011
电　　话：	010-64267325　64245264（传真）
网　　址：	www.1980xd.com
电子邮箱：	xiandai@cnpitc.com.cn
印　　刷：	汇昌印刷（天津）有限公司
开　　本：	700mm×1000mm　1/16
印　　张：	10
版　　次：	2014年7月第1版　2021年3月第3次印刷
书　　号：	ISBN 978-7-5143-2646-8
定　　价：	29.80元

版权所有，翻印必究；未经许可，不得转载